Martin Wehrle

30 Minuten

Gehaltserhöhung

W0041829

Bibliografische Information der Deutschen Nationalbibliothek

Die Deutsche Nationalbibliothek verzeichnet diese Publikation in der Deutschen Nationalbibliografie; detaillierte bibliografische Daten sind im Internet über http://dnb.d-nb.de abrufbar.

Umschlaggestaltung: die imprimatur, Hainburg
Umschlagkonzept: Martin Zech Design, Bremen
Lektorat: Diethild Bansleben
Satz: Zerosoft, Timisoara (Rumänien)
Druck und Verarbeitung: Salzland Druck, Staßfurt

© 2010 GABAL Verlag GmbH, Offenbach
5., überarbeitete Auflage 2012

Alle Rechte vorbehalten. Nachdruck, auch auszugsweise, nur mit schriftlicher Genehmigung des Verlags.

Hinweis:
Das Buch ist sorgfältig erarbeitet worden. Dennoch erfolgen alle Angaben ohne Gewähr. Weder Autor noch Verlag können für eventuelle Nachteile oder Schäden, die aus den im Buch gemachten Hinweisen resultieren, eine Haftung übernehmen.

Printed in Germany

ISBN 978-3-86936-320-2

In 30 Minuten wissen Sie mehr!

Dieses Buch ist so konzipiert, dass Sie in kurzer Zeit prägnante und fundierte Informationen aufnehmen können. Mithilfe eines Leitsystems werden Sie durch das Buch geführt. Es erlaubt Ihnen, innerhalb Ihres persönlichen Zeitkontingents (von 10 bis 30 Minuten) das Wesentliche zu erfassen.

Kurze Lesezeit

In 30 Minuten können Sie das ganze Buch lesen. Wenn Sie weniger Zeit haben, lesen Sie gezielt nur die Stellen, die für Sie wichtige Informationen beinhalten.

- Alle wichtigen Informationen sind blau gedruckt.

- Schlüsselfragen mit Seitenverweisen zu Beginn eines jeden Kapitels erlauben eine schnelle Orientierung: Sie blättern direkt auf die Seite, die Ihre Wissenslücke schließt.

- *Zahlreiche Zusammenfassungen innerhalb der Kapitel erlauben das schnelle Querlesen.*

- Ein Fast Reader am Ende des Buches fasst alle wichtigen Aspekte zusammen.

- Ein Register erleichtert das Nachschlagen.

Inhalt

Vorwort

Stellen Sie sich vor: Gleich beginnt Ihr Gehaltsgespräch. Sie klopfen an die Tür Ihres Chefs, treten ein, Sie nehmen Platz. Sein Blick fixiert Sie, jetzt geht es um die Wurst! Wie fühlen Sie sich bei dieser Vorstellung? Unbeschwert und locker? Oder spüren Sie förmlich, wie Ihr Herz galoppiert, der Hals sich zuschnürt? Kann es sein, dass Ihre Stimme dünn ist, der Kopf leer und dass Ihnen die besten Argumente erst dann wieder einfallen, wenn Sie den Raum verlassen haben?

Was hindert so viele Mitarbeiter daran, über mehr Geld zu sprechen? In meinen Gehaltscoachings höre ich vor allem zwei Antworten:
1. „Ich will mich nicht wie ein Bettler fühlen."
2. „Der Chef soll mein Gehalt von sich aus erhöhen."

Ein Bettler ist jemand, der Almosen ohne Gegenleistung will. Trifft diese Beschreibung auf Sie zu? Wohl kaum! Nicht aus Gutmütigkeit überweist Ihr Chef Ihnen ein Gehalt, sondern weil er kalkuliert hat, dass Sie mehr bringen als kosten. Sie pflegen zu ihm keine Liebesbeziehung, sondern ein Geschäftsverhältnis. Er ist der Abnehmer Ihrer Arbeitsleistung, Sie sind der Anbieter. Mit der Zeit bauen Sie als engagierter Mitarbeiter Ihre Leistung aus. Arbeiten schneller, tragen mehr Verantwortung, steigern Ihre Qualifikation. Der Nutzen für die Firma steigt, davon wollen Sie profitieren. Mit gutem

Recht! Begegnen Sie Ihrem Chef also auf einer Augen-höhe, als Geschäftpartner – und nicht als Bettler im Kriechgang.

Und dass Ihr Chef aus eigener Initiative erhöht? Ein frommer Wunsch! Solange Ihr Vorgesetzter nichts von Ihnen hört, darf er annehmen, Sie sind mit Ihrem Gehalt zufrieden. Gefördert wird nur, wer fordert. Sehen Sie es sportlich: Eine Gehaltserhöhung durchzusetzen, das ist gar nicht so schwer. Wenn Sie gut trainieren, Ihre Argumente und Ihren Auftritt vorbereiten, dann starten Sie beim „Verhandlungs-Wettkampf" durch! Dieser Ratgeber macht Sie in jedem Fall zum Gewinner: Wer mit guten Argumenten eine Gehaltserhöhung fordert, erinnert seinen Chef daran, wie wertvoll er für die Firma ist. Wer dagegen nie verhandelt, setzt sich dem bösen Verdacht aus, seine Leistung biete keinen Anlass dazu. Gerne lasse ich Sie von meiner Erfahrung als „Deutschlands renommiertester Gehaltscoach" („Wirtschaftswoche") zusätzlich durch eine individuelle Beratung profitieren, auch per Telefon:

Martin Wehrle
Tel. 04162/91 23 58
E-Mail: info@gehaltscoach.de
Homepage: www.gehaltscoach.de
(weitere Gehaltstricks, kostenloser Newsletter)

30 MINUTEN

Bosse, die knurren, beißen nicht

Mehr Gehalt sichert Ihren Arbeitsplatz

1. Über Geld spricht man doch!

Haben Sie schon mal überlegt, dass es Ihrem Chef gefallen könnte, wenn Sie mehr Gehalt fordern? Immerhin geben Sie eine Kostprobe Ihrer rhetorischen Fähigkeiten, besonders Ihres Verhandlungsgeschicks. Wenn Ihr Chef sieht, dass Sie Ihre eigenen Interessen mit Bravour vertreten, weiß er auch: Sie lassen sich bei Verhandlungen im Auftrag der Firma nicht so schnell über den Tisch ziehen. Außerdem zeigen Sie Initiativgeist und handeln unternehmerisch. Solche Mitarbeiter sind ihren passiven Kollegen meist einen Schritt voraus, auch beim Erkennen und Anpacken der Arbeit.

1.1 Bosse, die knurren, beißen nicht

Doch Jubel wird Ihre Gehaltsforderung nicht auslösen, selbst wenn Ihr Chef heimlich denkt: „Hut ab!" In der Gehaltsverhandlung spielt er eine Rolle. Er führt sich auf als Verteidiger des Gehaltsetats. Dabei arbeitet er mit Theaterdonner. Er tut überrascht, auch wenn er es nicht ist. Er verweist auf die schlechte Finanzlage, auch wenn die Gewinne sprudeln. Was dieses Schauspiel soll? Abschrecken soll es!

Chef blockiert

Stellen Sie sich vor, der Chef würde Ihre Gehaltsforderung einfach durchwinken. Was wäre die Folge? Wahrscheinlich stehen Sie in sechs Monaten mit der nächsten Forderung auf der Matte. Oder Sie flüstern Ihren Kollegen zu: „Der Chef hat die Spendierhosen an." Eine Forderungslawine käme auf Ihren Vorgesetzten zu.

Nein, als spendierfreudig will ein Vorgesetzter nicht gelten – darum macht er auch zu berechtigten Gehaltsforderungen eine kritische Miene und blockt erst mal ab. Doch diese Abwehrhaltung ist keine endgültige Ablehnung, wie unerfahrene Mitarbeiter glauben, sie ist nur die Einladung, mit der eigentlichen Verhandlung zu beginnen.

Spitzengehälter

Jeder Chef weiß: Spitzenmitarbeiter müssen auch Spitzengehälter bekommen! Stellen Sie sich das Verhältnis zwischen Ihrer Vergütung und Ihrer Leistung wie zwei Gewichte auf einer Waage vor: Wenn Sie auf der Leistungsseite nachlegen, was passiert dann? Die Waage kippt zu Ihren Gunsten. Nun ist Ihr Chef am Zug, durch eine Gehaltserhöhung das Gleichgewicht wieder herzustellen. Würde er das nicht tun, gliche seine Firma bald einem Sammelbecken für Fußkranke, weil die fähigen Mitarbeiter abwandern und sich ihren Marktwert bei der Konkurrenz holen.

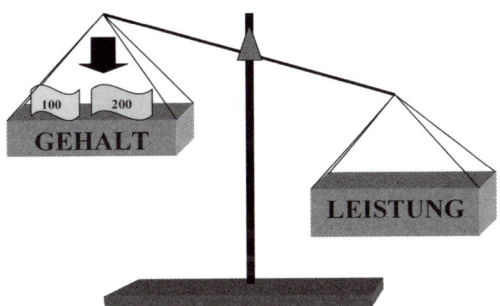

Wer bei der Leistung nachlegt, braucht mehr Vergütung. Nur dann stimmt das Gleichgewicht.

Ihr Chef ist durchaus gewillt, Ihr Gehalt zu erhöhen. Aber vorher müssen Sie verhandeln, was vor allem heißt: geschickt mit dem Pfund Ihrer Leistung wuchern!

Erkennen Sie, dass Ihr Chef im Gehaltsgespräch eine Rolle spielt. Sein Widerstand ist nicht als Absage, sondern als Einladung zur Verhandlung zu werten. Bleiben Sie hartnäckig!

1.2 Mehr Gehalt sichert Ihren Arbeitsplatz

Viele Mitarbeiter schrecken vor einer Gehaltsforderung zurück, weil sie denken: Wenn ich mehr Geld bekomme, wird mein Arbeitsplatz unsicherer. Und das in Zeiten der Massenentlassungen! Stimmt diese Formel tatsächlich: je mehr Gehalt, desto unsicherer der Arbeitsplatz?

Krisenhelfer

Eine Überlegung hilft bei der Antwort: Welcher Mitarbeiter kann Gehaltserhöhungen durchsetzen? Doch nur einer, der seinen Vorgesetzten von der eigenen Leistung überzeugt hat. Eben ein Leistungsträger. Und genau dieser Mitarbeitertyp, meist ein Besserverdiener, ist in der Krise wichtiger denn je. Die Leistungsträger sollen den Karren aus dem Dreck ziehen, sollen durch ihre überragende Leistung den drohenden Ruin abwenden. Auf ihren Schultern ruht die Zukunft der Firma. Darum saust das Damoklesschwert der Entlassung fast immer an ihnen vorbei und trifft zunächst Kleinverdiener, deren Leistung nicht so hoch geschätzt wird.

Mehr Abfindung

Ein weiterer Grund, warum die erste Entlassungswelle meist an den Besserverdienern vorbeischwappt: Wer betriebsbedingt gekündigt wird, dem winkt oft eine Abfindung. Und deren Höhe bemisst sich nach dem Gehalt. Je mehr einer verdient, desto höher sein Abfindungsanspruch. Gerade eine klamme Firma will diese Ansprüche so gering wie möglich halten. Also müssen zuerst die Mitarbeiter mit den kleinen Gehaltstüten gehen.

Bewerben wird leichter

Auch wenn Sie sich um eine neue Stelle bewerben, kommt es auf die Höhe Ihres jetzigen Gehaltes an. Diese Zahl lässt Rückschlüsse auf die Wertschätzung Ihres Arbeitgebers und damit auf Ihre mutmaßliche Leistungsfähigkeit zu. Wer von sich behauptet, er schmeiße den ganzen Laden, aber nur ein Minigehalt vorweisen kann, gilt als Hochstapler (obwohl er vielleicht nur unterbezahlt ist!). Dagegen adelt Sie ein hohes Gehalt: Wer viel kassiert, muss auch viel können.

Das ist einer der Gründe, warum entlassene Top-Manager mit Millionengehältern, auch wenn sie ruinös gewirtschaftet haben, so schnell von der nächsten Firma mit offenen Armen begrüßt werden. Allein aus der luftigen Höhe ihres Gehaltes und ihrer Position schließt man: „Hier kommt Superman geflogen!"

Bescheidenheit ist keine Zier, sie gefährdet Ihren Arbeitsplatz. Wer wenig verdient, geht in der Krise zuerst. Wer seinen Chef überzeugt und ein angemessenes Gehalt durchsetzt, dessen Stuhl ist sicherer. Ein professioneller Auftritt in der Verhandlung ist gleichzeitig eine Arbeitsprobe, wie Sie bei anderer Gelegenheit die Interessen der Firma vertreten. Sie beweisen Ihrem Chef, dass Sie ...

30

- *... Initiativgeist besitzen,*
- *... wichtige Termine strategisch vorbereiten,*
- *... sich rhetorisch in Verhandlungen zu helfen wissen*
- *... und begriffen haben, worum es in der Geschäftswelt geht: um Geld.*

30 MINUTEN

2. Wert und Wertschätzung

Sie wollen ein angemessenes Gehalt durchsetzen? Sie wissen jedoch nicht, welche Höhe für Sie angemessen ist? Völlig klar, Sie müssen Ihren Marktwert kennen! Doch leider sind die Gehälter in Deutschland ein Tabu-Thema. Wer viel verdient, will keinen Neid schüren. Wer wenig verdient, will sich nicht blamieren. Dieses Schweigen nützt allenfalls den Arbeitgebern: Viele Mitarbeiter wissen vor lauter Geheimniskrämerei gar nicht, wie sie ihr Gehalt einschätzen sollen.

2.1 Auf der Suche nach dem (verlorenen) Marktwert

Würden Sie ein Haus oder ein Auto verkaufen, ohne vorher am Markt die Preise zu recherchieren? Nein? Na also, dann sollten Sie auch den Marktwert Ihrer Arbeitsleistung erforschen. Drei Möglichkeiten:

1. Tarif

Einen ersten Richtwert gibt Ihnen der Tarif für Ihre Branche. Schauen Sie nach, welche Bezahlung für die Anzahl

Ihrer Berufsjahre vorgeschlagen wird. Doch Vorsicht: Der Tarif definiert ein Mindestgehalt für eine Mindestleistung. Er soll schwache Arbeitnehmer vor Ausbeutung schützen. Wer mehr als der Durchschnitt leistet, sollte mehr verdienen als der Durchschnitt. Ein „übertarifliches Gehalt" ist für Führungskräfte und Leistungsträger üblich.

2. Berufskollegen

Als zweite Informationsquelle bieten sich ehemalige Ausbildungs- und Studienkollegen an. Nennen Sie zunächst Ihr eigenes Gehalt. Ist das Tabu erst gebrochen, zahlt Ihr Gesprächspartner in neun von zehn Fällen mit derselben Münze zurück. Doch Achtung: In der eigenen Firma wird das muntere Austauschen der Gehaltszahlen von den Chefs missbilligt, oft sogar vertraglich untersagt! Gehen Sie besser auf Kollegen von außerhalb zu. Nach einigen Gesprächen werden Sie einschätzen können, wo Ihr Gehalt liegt: im unteren Drittel, in der Mitte oder im oberen Drittel? Gerecht wäre eine Höhe, die dem Niveau Ihrer Leistung entspricht.

3. Internet

Eine dritte Möglichkeit, sich über Gehälter zu informieren, bietet Ihnen das Internet. Geben Sie bei einer Suchmaschine wie www.google.de den Begriff „Gehaltsvergleich" ein. Mittlerweile stoßen Sie auf zahlreiche Seiten, wo Richtwerte für fast alle Branchen genannt werden. Manchmal sind diese Zahlen nach Region und Firmengröße differenziert. Je größer eine Firma ist, desto höher ist in der Regel das Gehaltsniveau. Außerdem wird in teuren Städten wie München und Frankfurt mehr bezahlt als auf dem Lande. Doch Spitzengehälter können auch bei mittelständischen Firmen fließen, vor allem an Leistungsträger. Kleinere Unternehmen stehen und fallen mit einzelnen Arbeitskräften. Wenn Sie es schaffen, sich unentbehrlich zu machen, sich ein Monopol an Wissen und Qualifikationen aufzubauen, dann kann Ihre Gehaltsrakete durchstarten.

Finden Sie Ihren Marktwert heraus, indem Sie mit Kollegen sprechen und im Internet recherchieren. Denken Sie daran: Tarif ist nur ein Mindestlohn für eine Mindestleistung. Wenn Sie mehr als andere leisten, sollten Sie auch mehr verdienen.

2.2 Von Wertschätzung und Selbst-PR

Vor vielen Jahren wollte man beim Computerkonzern IBM herausfinden, nach welchen Kriterien ein Mitarbeiter befördert und somit auch bezahlt wird. Das Ergebnis der Studie: Der Erfolg hängt zu 10 Prozent von der Leistung ab – und zu 90 Prozent davon, wie gut der Mitarbeiter seine Leistung verkauft, vor allem an seinen direkten Vorgesetzten. Mehr Schein als Sein, mehr Selbst-PR als Leistung! Die meisten Arbeitnehmer fallen aus allen Wolken, wenn sie diese Zahlen hören.

Marktschreier

Tatsächlich ist die Geschäftswelt kein Land der Gerechtigkeit, wo der Fleißige immer belohnt, der Talentierte immer gefördert wird. Schauen Sie sich die Vorgesetzten in Ihrer Firma doch an. Sind es immer die herausragenden Fachleute, die glänzenden Menschenführer? Oder gäbe es unauffällige Kollegen, die den Job wahrscheinlich besser machen würden, aber nie die Gelegenheit bekommen? Vergessen Sie nie: Der Arbeitsmarkt ist auch nur ein Markt. Und auf einem Markt setzen sich die lautesten Stimmen durch. Im Vorfeld einer Gehaltserhöhung kommt es zwar auf Ihre Leistung an, aber noch mehr darauf, wie Sie Ihre Arbeit verkaufen. Entscheidend ist das Bild, das Ihr Chef von Ihnen hat.

Eigenlob stimmt

Weiß Ihr Vorgesetzter eigentlich, was Sie alles leisten? Wenn nicht, liegt es an Ihnen, das zu ändern! „Aber ich will doch kein Prahlhans sein!", halten mir meine Coaching-Klienten nun oft entgegen. Oder: „Soll ich mich bei meinem Chef etwa einschleimen?" Nein, Sie sollen nicht prahlen, Sie sollen sich nicht anbiedern. Sie sollen nur dafür sorgen, dass Ihr Chef ein realistisches Bild von Ihrer Leistung bekommt.

Vier Ideen für gute Selbst-PR:

1. Meetings

Jede Sitzung ist eine Chance für Sie. Ergreifen Sie das Wort, sprechen Sie über Ihre Arbeitserfolge, machen

Sie Lösungsvorschläge für Probleme. Gut kommt es auch an, wenn Sie zu einem wichtigen Diskussionspunkt ein nützliches Arbeitspapier einbringen oder mit recherchierten Informationen auftrumpfen. Je besser Sie vorbereitet sind, je mehr Sie mitdenken, desto angenehmer fallen Sie auf. Denn die meisten „Ritter der Schwafelrunde" verbreiten nichts als heiße Luft! Jeder gelungene Auftritt erhöht Ihre Gehaltschancen.

2. Persönliche Gespräche

Informieren Sie Ihren Chef regelmäßig, welche Fortschritte Ihre Arbeit macht, welche Probleme Sie bewältigt haben, welche Chancen am Markt Sie sehen. Die meisten Vorgesetzten halten sich für ungeheuer wichtig und fürchten nichts mehr, als dass sie übergangen werden. Für knackige Informationen sind sie dankbar. Bald schon werden Sie als ein Mitarbeiter gelten, der seine Arbeit im Griff hat, seinen Chef einbezieht und gut kommuniziert.

3. Briefe, Mails, Aktennotizen

Setzen Sie Ihren Chef bei wichtigen Schriftstücken auf den Verteiler. Dann bekommt er mit, welche Herkulesaufgaben Sie mit Bravour stemmen. Denn: Je besser er über Ihre Leistung, über die Fortschritte Ihrer Arbeit informiert ist, desto weniger Überzeugungsarbeit müssen Sie schließlich für die Gehaltserhöhung leisten.

4. Lob durch Dritte

Wenn Sie ein Kunde oder ein Geschäftspartner lobt, dann sagen Sie doch keck: „Das dürfte mein Chef ruhig auch mal hören ..." Ein Lob durch Dritte ist besonders wirksam, weil es neutral wirkt und Ihren Chef bei seiner Gehaltsentscheidung umso mehr beeinflusst.

Entscheidend ist nicht nur Ihre Leistung, sondern das, was davon bei Ihrem Chef ankommt. Sorgen Sie schon vor Ihrer Verhandlung dafür, dass jeder Baum, den Sie ausreißen, in Sichtweite Ihres Chefs fällt.

2.3 Das Leistungs-Tagebuch, Ihr Freund und Verhandlungshelfer

Jeder kennt das: Am Ende der Woche weiß man vor lauter Arbeit gar nicht mehr, was man alles bewältigt hat. Manche Leistung fällt unter den Tisch der Erinnerung. Wie zuverlässig ist unser Gedächtnis dann erst, wenn wir auf ein ganzes Arbeitsjahr zurückblicken? Können Sie sicher sein, dass Ihnen alle Highlights sofort einfallen? Schon mancher Mitarbeiter, der sich auf sein Gedächtnis verließ, war verlassen. Erst recht in der Gehaltsverhandlung, einer Stresssituation.

Erfolge festhalten

Führen Sie ein Leistungs-Tagebuch, in dem Sie regelmäßig Ihre Erfolge notieren. Haben Sie einen Kunden an Land gezogen, eine Vertretung übernommen, eine Fortbildung besucht? Ist eine Idee von Ihnen mit Erfolg umgesetzt worden? Haben Sie einen neuen Kollegen eingearbeitet? All diese Leistungen führen Sie in Ihrem Tagebuch auf.

Ich empfehle Ihnen ein Buch mit zwei Spalten. Links notieren Sie, was Sie geleistet haben – rechts den Vorteil für die Firma. In der linken Spalte könnte stehen: „Habe spontan die Vertretung für die Kollegin Müller übernommen. Sie war sieben Tage krank. Eigentlich hätte eine Kraft von der Zeitarbeitsfirma kommen müssen." Und rechts: „Unser Unternehmen hat die Kosten für einen Leihmitarbeiter gespart, nach meinen Informationen etwa 1.000 Euro."

Wirksame Argumente

Solche Argumente haben eine starke Wirkung, weil Sie Ihrem Chef den konkreten Nutzen zeigen und ihm bewusst machen: Sie tun nicht nur das, wofür Sie ohnehin schon bezahlt werden – Sie tun mehr! Natürlich werden Sie es in der Verhandlung nicht bei einer mündlichen Argumentation belassen, sondern Ihrem Chef eine zwei- bis dreiseitige Leistungsmappe aushändigen. So präsentieren Sie die größten Erfolge, die Sie seit Ihrer letzten Gehaltsverhandlung erzielt haben.

Dieses Dokument bedeutet Rückenwind für Ihr Anliegen. Erstens hat Ihr Chef die Gelegenheit, noch einmal schwarz auf weiß Ihre Leistung nachzulesen. Und zweitens kommt es vor, dass ein mittlerer Manager sich das Okay für eine Gehaltserhöhung vom eigenen Vorgesetzten holen muss. In diesem Fall kann er Ihre Leistungsmappe als Argumentationshilfe verwenden.

Checkliste:
Sind Sie reif für eine Gehaltserhöhung?

Diese Fragen geben Ihnen Anhaltspunkte:

1. Kennen Sie den Gehaltstarif für Ihre Branche?
2. Wissen Sie, was Kollegen in anderen Firmen verdienen?
3. Sorgen Sie dafür, dass Ihre Leistung im Alltag auffällt?
4. Präsentieren Sie Erfolge bei Meetings und in Einzelgesprächen mit dem Chef?
5. Halten Sie Ihre Leistungen in einem Tagebuch fest?
6. Haben Sie aus diesem Tagebuch eine kleine Präsentationsmappe erstellt?
7. Ist Ihnen klar, dass ein angemessenes Gehalt Ihren Arbeitsplatz sichert?
8. Sehen Sie Ihre Gehaltsverhandlung zugleich als Arbeitsprobe in Sachen Rhetorik?
9. Können Sie Ihrem Chef auf einer Augenhöhe als Geschäftspartner begegnen?

Je öfter Sie „ja" sagen, desto weiter sind Ihre Vorbereitungen gediehen. Eine Verhandlung kann nur so gut wie ihre Vorbereitung sein. Bevor Sie mit Ihrem Chef in den Ring steigen, sollten Sie dreierlei beachten:

- *Finden Sie Ihren Marktwert heraus. Wer Überdurchschnittliches leistet, muss auch überdurchschnittlich verdienen.*
- *Sorgen Sie im Alltag dafür, dass Ihr Chef weiß, was er an Ihnen hat. Machen Sie Erfolge in Meetings publik, schreiben Sie Aktennotizen, bringen Sie Lob durch Dritte auf den Weg.*
- *Halten Sie besondere Erfolge in einem Leistungs-Tagebuch fest. Vor der Gehaltsverhandlung dient es Ihnen als Gedächtnisstütze sowie als Grundlage für eine komprimierte Leistungsmappe, die Sie Ihrem Chef aushändigen.*

30 MINUTEN

3. Alternativen zum Grundgehalt

Was man „Gehaltsverhandlung" nennt, ist eigentlich viel mehr: eine Verhandlung über die Vergütung. Das ist keine Wortspalterei, sondern tatsächlich ein großer Unterschied. Denn als Grundgehalt wird nur jener Betrag bezeichnet, der Monat für Monat auf Ihr Konto fließt. Jede weitere Vergütung segelt unter anderer Flagge. Zum Beispiel gibt es „Prämie" und „Bonus", „Gratifikation" und „Provision". Immer mehr Firmen gehen dazu über, ihre Mitarbeiter nicht durch klassische Gehaltserhöhungen, sondern durch leistungsabhängige Vergütungen zu belohnen. Für Chefs und Manager ist das nichts Neues. Viele kassieren schon seit Mitte der 1980er Jahre 20 bis 50 Prozent ihrer Vergütung in Form von Prämien, Boni oder Aktienoptionen.

3.1 Die Hintertür zum Top-Verdienst

Keiner will nachgeben, sich als Verlierer fühlen. Gerade unter diesem Aspekt sind alternative Vergütungsformen interessant. Stellen Sie sich vor, Ihre Verhandlung steckt in einer Sackgasse. Zwischen Ihrer Gehaltsforderung und dem Angebot Ihres Chefs klafft eine Lücke, die sich auch durch intensives Feilschen kaum überbrücken lässt. Wer jetzt nachgibt, verliert sein Gesicht.

Goldene Brücke

Es sei denn, Sie schlagen eine goldene Brücke, indem Sie einen neuen Vorschlag ins Gespräch bringen. Am besten greifen Sie die Argumente Ihres Chefs durch aktives Zuhören auf und wenden sie zu Ihrem Vorteil. Zum Beispiel so: „Verstehe ich Sie richtig? Sie wollen mein Grundgehalt nur um drei Prozent erhöhen, weil die Entwicklung des Firmengewinns unklar ist?" Ihr Chef nickt, also fahren Sie fort: „Gut, dann schlage ich vor, wir definieren ein paar konkrete Ziele, wie ich möglichst effektiv zu diesem Firmengewinn beitragen kann. Und wir verbinden diese Ziele, falls ich sie erreichen sollte, mit einer Prämie. Was halten Sie davon?" Kann Ihr Chef „nein" sagen? Kaum. Schließlich bauen Sie ihm eine Brücke, nehmen seine (vielleicht nur vorgeschobenen) Bedenken ernst und beziehen ihn beim Ausgestalten dieser Idee auch noch ein.

 Wer die Gehaltsverhandlung eben nicht wörtlich nimmt, wer über den Tellerrand des Grundgehalts hinausblickt, hat bessere Chancen!

3.2 Prämien entzücken – und haben Tücken

Kein Trumpf unter den alternativen Vergütungen sticht so zuverlässig wie die Prämie. Bei ihr handelt es sich um eine einmalige Zahlung, die Sie von der Firma für eine definierte Individualleistung erhalten. „Einmalig" will heißen, dass für Sie kein rechtlicher Anspruch auf weitere Zahlungen erwächst (wie etwa beim Gehalt). Aber: Die meisten Mitarbeiter, die einmal prämiert werden, bekommen diese Chance in den folgenden Jahren wieder. Gewöhnlich wächst die Summe.

Leistung als Maßstab

Wovon hängt die Prämie ab? In der Regel von Ihrer individuellen Leistung, nicht vom wirtschaftlichen Erfolg der Firma (denn dafür gibt es den Bonus). Prämien entzücken, aber ihre Formulierung hat Tücken. Beispiel: „In den nächsten zwölf Monaten wird Herr Maier seinen Vertriebsumsatz mit der neuen Produktreihe deutlich steigern. Im Erfolgsfall erhält er zum 31.12. des ablaufenden Jahres eine Prämie in Höhe von 2.500 Euro." Diese Formulierung ist so wasserdicht wie Zeitungspapier; „deutlich" heißt alles und nichts. Ist 1 Prozent gemeint? Müssen es 2 sein? Oder wären nur 5 Prozent eine „deutliche Steigerung"?

Gefährliche Interpretation

Im Zweifel liegt die Interpretation bei Ihrem Chef. Was immer er entscheidet, Sie müssen es schlucken. Darum:

Achten Sie darauf, dass Ihr Prämienziel objektiv messbar formuliert wird. Wenn von einer „Umsatzsteigerung von mindestens 2 Prozent" die Rede ist, lässt das keine Missverständnisse zu. Hier ein paar Beispiele, erst für schwammige, dann für treffende Formulierungen:

Schwammig: „Frau Fischer wird alles tun, um die Kundenzufriedenheit zu steigern."

Objektiv messbar: „Frau Fischer wird einen Fragebogen entwickeln, um Defizite in der Kundenzufriedenheit aufzudecken, und sie wird die Reklamationsquote von 3 auf 2,5 Prozent senken."

Auf drei weitere Punkte sollten Sie beim Formulieren Ihres Prämienziels achten: Das Ziel sollte realistisch, termingebunden und attraktiv sein.

1. Realistisch

Das Ziel muss für Sie erreichbar sein, möglichst aus eigener Kraft.

Tipp: Definieren Sie Stufenziele und Stufenprämien.

Beispiel:

Zielstufe 1: 1.500 Euro für 1 Prozent Umsatzsteigerung;

Stufe 2: 2.500 Euro für 2 Prozent;

Stufe 3: 3.500 Euro für 3 Prozent oder mehr.

Vorteil: Es wächst die Wahrscheinlichkeit, dass Sie nicht leer ausgehen, nur weil sich zum Beispiel die Wirtschaftslage verschlechtert.

2. Termingebunden

Es muss definiert sein, bis wann Sie Ihr Ziel verwirklicht haben sollen.

Tipp: Die meisten Ziele werden auf Jahresfrist festgelegt. Definieren Sie ein Zwischenziel, etwa auf Frist von sechs Monaten, auf dessen Basis Sie Ihren Chef ansprechen und nötigenfalls um Unterstützung bitten können – zum Beispiel, wenn Sie von einer anderen Abteilung keine ausreichende Rückendeckung bekommen.

3. Attraktiv

Das Ziel soll für Sie eine Herausforderung sein, eine Entwicklungschance und keine Strafarbeit.

Tipp: Das Führen durch Zielsetzung baut darauf, dass Chef und Mitarbeiter das Wunschergebnis gemeinsam definieren. Bringen Sie sich ein! Für einen professionellen Formulierungsvorschlag sind Chefs dankbar. In zahllosen Prämienvereinbarungen stehen wörtlich jene Formulierungen, die ich mit meinen Klienten im Gehaltscoaching entwickelt habe.

Sorgen Sie dafür, dass Ihr Prämienziel objektiv messbar und realistisch, termingebunden und attraktiv formuliert wird. Die Interpretationshoheit darf nicht bei Ihrem Chef liegen, durch Ihre Leistung muss sich belegen lassen: Ziel erreicht!

3.3 Vom Bonus bis zur Provision

In der Gehaltsverhandlung ist es wie beim Pokern: Je vielfältiger das Blatt ist, das Sie auf der Hand haben, desto besser können Sie auftrumpfen. Vier weitere Karten, die in Verhandlungen viel zu selten ausgespielt werden:

1. Bonus

Der Bonus basiert auf der Idee des Unternehmerlohns. Wenn es der Firma gut geht, sollen die Mitarbeiter etwas davon haben. Sie streichen einen bestimmten Teil vom Umsatz oder Gewinn ein. Diese Zahlungsform ist Chance und Risiko zugleich. Chance, wenn das Geschäft brummt, der Gewinn steigt und Sie am Erfolg über Ihr Gehalt hinaus beteiligt sind. Risiko, wenn es mit der Firma abwärts geht, obwohl Sie vielleicht die Leistung Ihres Lebens bringen.

Schlaue Mitarbeiter wägen zwischen Bonus und Prämie sorgfältig ab. Es gilt die Grundregel: In wirtschaftlich guten Zeiten, wenn Ihre Firma im Aufwind ist, können Sie einen hohen Bonus-Anteil riskieren. Dagegen empfiehlt es sich in Krisenzeiten, die Weichen auf eine individuelle Prämie zu stellen. Das gilt besonders für Leistungsträger und Führungskräfte.

2. Gratifikation

Viele Mitarbeiter dürfen sich im Dezember über eine Gratifikation freuen. Dann wird das Weihnachtsgeld überwiesen, klassisches Beispiel für eine Gratifikation, also für eine einmalige Zahlung aus besonderem Anlass. Wie dieser Anlass aussieht, bleibt Ihrer Fantasie überlassen. Weihnachten ist nur ein Beispiel. So ist es durchaus möglich, dass Sie sich für Spitzenleistungen durch eine Gratifikation belohnen lassen. Haben Sie einen großen Kunden an Bord geholt? Oder ein Projekt mit Erfolg abgeschlossen? Oder durch einen Verbesserungsvorschlag der Firma viel Geld gespart? Im Gegensatz zur Prämie, die sich meist auf künftige Leistungen bezieht, werden Gratifikationen auch nachträglich ausgezahlt. Was Sie haben, das haben Sie!

3. Provision

Wer kann schon behaupten, dass der Gewinn durch seine Arbeitsleistung nicht nur auf das Konto der Firma, sondern auch in die eigene Tasche fließt? Viele Mitarbeiter im Vertrieb! Durch eine Provision sind sie an ihren eigenen Umsätzen beteiligt.

Machen Sie Ihrem Chef Vorschläge, die Provision mit zunehmendem Umsatz zu erhöhen. Zum Beispiel bringt ein Verkäufer in durchschnittlichen Monaten 15 Autos an den Mann und bekommt je 0,5 Prozent vom Umsatz. Also würden beide Seiten, er und der Chef, von folgender Regelung profitieren: Zwischen dem 15. und 20. Auto gibt es 0,75 Prozent, ab dem 20. Wagen 1 Prozent. Dem Chef winken zusätzliche Einnahmen. Der Kuchen wird größer, darum schmerzt es ihn kaum, davon auch ein größeres Stück abzutreten.

4. Belegschaftsaktien

Welcher Arbeitnehmer träumt nicht davon, Eigentümer jener Firma zu sein, für die er arbeitet? Manchmal wird dieser Traum wahr, wenn auch nur ein wenig: Börsennotierte Firmen bieten ihren Mitarbeitern oft Belegschaftsaktien zu vorteilhaftem Kurs an. Ein Nachlass von 135 Euro pro Jahr, maximal 50 Prozent des Börsenkurses, kann steuerfrei fließen. Was darüber hinaus geht, gilt als geldwerter Vorteil, und das Finanzamt kassiert mit.

Aktien sind dann interessant, wenn Sie durch Ihre Unternehmens- und Marktkenntnis wissen: Sie sitzen im richtigen Boot, Ihrem Unternehmen winkt eine goldene Zukunft.

Unklug wäre es, sich an einem sinkenden Boot zu beteiligen. Die Aktien dürfen erst nach sechs Jahren verkauft werden. Wie der Börsenkurs dann steht, darauf kommt es an. So wurden, als der Neue Markt Ende der 1990er Jahre boomte, zahlreiche Mitarbeiter von Internet-Unternehmen etwas vorschnell als „Aktienmillionäre" gefeiert. Als die Kurse wenig später am Boden der Realität zerschellten, standen die „Millionäre" mit leeren Taschen da. Und oft auch ohne Arbeitsplatz!

Wenn Ihre Firma gut im Geschäft ist, sollten Sie sich am Erfolg beteiligen lassen: durch Bonus oder Belegschaftsaktien. Als Belohnung für Individualleistungen können Sie Gratifikation und Provision ins Gespräch bringen. Das schließt eine

Erhöhung des Grundgehalts nicht aus, sondern kann sie sinnvoll ergänzen.

Bis 44 € steuerfrei | monat - Sachbezüge

3.4 Fantasie macht sich verdient

Viele Gehaltserhöhungen führen zu einem Ergebnis, das beide Seiten frustriert: Wenn Sie 150 Euro zusätzlich bekommen, bleiben Ihnen vielleicht nur 75 Euro übrig. Und Ihr Chef muss mit Lohnnebenkosten etwa 250 Euro aufwenden. Solche Nullsummenspiele lassen sich verhindern, wenn Sie mit Fantasie in die Verhandlung gehen. Es gibt Möglichkeiten, wie Sie die Steuerfalle umgehen können und Ihr Chef sich Sozialabgaben spart. Der psychologische Vorteil: Ihr Vorgesetzter und Sie sind plötzlich keine Verhandlungsgegner mehr, sondern Sie verschwören sich gegen einen (unsichtbaren) Dritten – das Finanzamt!

Firmenwagen

Autos sind ein teures Vergnügen! Schon im ersten Jahr verliert ein Neuwagen 20 Prozent an Wert. Und für den Unterhalt, für Benzin, Steuern und Reparaturen, müssen Sie immer tiefer in die Tasche greifen. Es sei denn, Sie steigen um auf einen Dienstwagen. Dann haben Sie im wahrsten Sinne „freie Fahrt"; die Firma trägt alle Kosten. Ihr Chef hat gute Gründe, Ihnen eine „Gehaltserhöhung" auf diesem Umweg zu gewähren: Den Aufwand kann er als Betriebskosten verbuchen. Sozialabgaben werden, anders als bei einer regulären Gehaltserhöhung, nicht fällig. Dieses Modell rechnet sich für die Firma besonders, wenn Sie bislang schon weite Strecken mit dem eigenen PKW zurückgelegt und über Kilometergeld abgerechnet haben. Machen Sie deutlich: Ein Dienstwagen treibt Ihren Motivationsmotor auf höchste Drehzahlen!

Für den geldwerten Vorteil der Privatfahrten wird eine Steuer fällig, der Pauschalsatz liegt bei einem Prozent des Listenpreises. Hinzu kommen 0,03 Prozent für jeden Kilometer zwischen Ihrem Wohn- und Arbeitsort. Der Einzelnachweis durch ein Fahrtenbuch steht Ihnen offen. Ein Firmenwagen kann Ihnen jährlich rund 5.000 Euro sparen – kein Pappenstiel!

Fahrtkosten

Eine andere Möglichkeit, die ebenfalls viel Geld spart, ist nicht an Positionen gebunden: Beteiligen Sie die Firma an Ihren Fahrtkosten! Nehmen wir an, Sie haben eine weite Anfahrt, lassen viel Geld an den Tankstellen oder am Ticketschalter der Bahn. Warum sollte Ihnen die Firma nicht durch einen Zuschuss unter die Arme greifen? Zwar hält das Finanzamt die Hand auf, aber nicht allzu weit: Lediglich mit 15 Prozent müssen Sie den Betrag versteuern, kaum die Hälfte des regulären Steuersatzes. Und Ihr Chef spart die Sozialabgaben.

Direktversicherung

Eine Gehaltserhöhung muss nicht direkt in Ihre Tasche fließen – sie kann auch in eine Direktversicherung investiert werden! Nur 20 Prozent Steuern kostet Sie das. Und Ihr Chef bleibt unbehelligt von Sozialabgaben. Im Jahr 2002 hat der Gesetzgeber den Anspruch festgelegt, dass Sie einen Teil Ihres Gehaltes in eine staatlich geförderte Form der Altersversorgung umwandeln lassen können. Die Direktversicherung lässt sich mit einer Lebens- oder einer privaten Rentenversicherung vergleichen, mit dem Unterschied, dass die Police von der Firma für Sie abgeschlossen wird. Ihr Chef kann Beträge bis 1752 Euro direkt von Ihrem Gehalt zahlen. Ab dem 60. Lebensjahr profitieren Sie davon: Das Geld fließt an Sie zurück.

Weiterbildung   ~~Marktwert erhöhen~~

Wer seinen Chef um eine Weiterbildung bittet, stößt oft auf taube Ohren. Das hat drei Gründe: Erstens sind Fortbildungen teuer. Zweitens ist, wer sich fortbildet, nun einmal *fort* aus der Firma. Und drittens erhöht eine Weiterbildung Ihre Chancen am Arbeitsmarkt. Der letzte Grund wiegt schwer: Nach einer Umfrage des Marktforschungsinstituts Forrest Research fürchten 62 Prozent der deutschen Chefs, ein Mitarbeiter könne durch Fortbildung für die Konkurrenz attraktiver werden.
Wahr ist: Eine Fortbildung erhöht Ihren Marktwert, im eigenen Unternehmen und außerhalb. Es kann eine gute Investition sein, bei der Gehaltserhöhung ein paar Abstriche zugunsten einer Weiterbildung zu machen. Wollten Sie immer schon ein teures Seminar in Rhetorik, Führung oder Ihrem Fachgebiet besuchen?

Heben Sie immer den Vorteil der Firma hervor. Das gelingt Ihnen durch das schöne Wörtchen „damit". Beispiel: „Ich möchte gern ein Rhetorikseminar besuchen, *damit* ich bei meinen Kundenpräsentationen noch überzeugender wirken und mehr Abschlüsse erzielen kann."

Alltagszuschüsse

Haben Sie sich schon oft über Ihre hohe Handy- oder Internetrechnung geärgert? Dann können Sie in der Gehaltsverhandlung den Vorschlag machen, dass diese Ausgaben von Ihrer Firma übernommen werden – sofern Sie sich mit Ihrem Chef darauf einigen können, dass es sich, sollte das Finanzamt fragen, um streng dienstliche Kosten handelt.

Auch für Ihren Sportklub, wo Sie sich fit für die Arbeit halten, oder für den Kindergarten, wo Sie Ihre Kleinen während der Dienstzeit versorgen lassen, kann Ihre Firma die Kosten übernehmen. Allgemeine Sachzuwendungen bis 44 Euro pro Monat sind steuerfrei.

Belegschaftsrabatt

Die Firma darf Ihnen jährlich einen steuerfreien Rabatt von bis zu 1224 Euro einräumen. Wer zum Beispiel für einen Energieversorger arbeitet, kann seine Stromkosten erheblich senken. Natürlich fällt der Rabatt so aus, dass Ihre Firma immer noch ein wenig verdient. Beide Seiten profitieren. Ein wirksamer Alternativ-Vorschlag fürs Gehaltsgespräch.

Übung

Spielen Sie Chef!

Suchen Sie einige Modelle der alternativen Vergütung für sich aus. Nun schlüpfen Sie in die Rolle Ihres Chefs und argumentieren aus seiner Perspektive. Fangen Sie Ihre Sätze so an: „Diese Idee gefällt mir als Chef, denn ...“ Wie viele Argumente bekommen Sie für welches Modell zusammen? Vorteil: Sie versetzen sich in den Kopf Ihres Chefs, proben Ihre Argumente und können sich für die plausibelste Idee entscheiden.

Wer nur sein Gehalt verhandelt, begeht einen Fehler. Behalten Sie alternative Vergütungsformen und geldwerte Vorteile im Blick. Solche Vorschläge können eine Verhandlung retten. Die wichtigsten Modelle:

- *Die Prämie belohnt Sie für Ihren persönlichen Erfolg.*
- *Der Bonus beteiligt Sie am Firmengewinn.*
- *Firmenwagen, Fahrgeld und Alltagszuschüsse entlasten Ihren Geldbeutel.*
- *Eine Weiterbildung schraubt Ihren Marktwert nach oben. Für die letzten beiden Punkte spricht außerdem: Sie sparen Steuern, Ihr Arbeitgeber kann sich die Sozialabgaben schenken.*

30MINUTEN

4. Wie und wann – so packt man's an!

Die Gretchenfrage für viele Mitarbeiter lautet: Was darf man in einer Gehaltsverhandlung eigentlich fordern? Sind 15 Prozent unverschämt viel? Sind 3 Prozent beschämend wenig? Oder ist die Prozentzahl gleichgültig, hängt alles vom Marktwert ab? Kann also, wer 30 Prozent zu wenig verdient, sein Gehalt mit einem Schlag um ein knappes Drittel steigern? Und: Gilt bei einem Wechsel des Arbeitgebers dasselbe wie in der eigenen Firma – oder sind die Spielräume größer?

4.1 Wie groß darf ein Gehaltssprung sein?

Gehaltssprünge von 10 Prozent sind hoch, solche von 15 Prozent sehr hoch, und bei etwa 20 Prozent liegt die Schallmauer. Diese lässt sich zwar durchbrechen, aber nur wenn Sie einen wesentlichen Schritt nach vorne machen. Zum Beispiel werden Sie befördert und nehmen eine anspruchsvollere Position wahr. Oder Sie steigern durch eine Spitzenleistung, etwa den Gewinn eines renommierten Preises, schlagartig Ihren Marktwert.

Bis 10 Prozent

Die meisten Gehaltserhöhungen spielen sich zwischen 3 und 10 Prozent ab. Wenn Sie 3.000 Euro im Monat verdienten und eine Gehaltserhöhung von 250 Euro aushandeln, sind Sie damit nicht schlecht bedient – immerhin gut 8 Prozent. Im Jahr kommen mindestens 3.000 Euro zusammen.

Achten Sie auf eine Gesamtvergütung, die Ihrem Marktwert entspricht. Wenn Ihr Nachholbedarf so groß ist, dass ihn eine gewöhnliche Gehaltserhöhung nicht ausgleicht, bleiben Ihnen die alternativen Vergütungsformen. Schlagen Sie eine zusätzliche Leistungsprämie vor, gekoppelt an anspruchsvolle Ziele. Eine solche Vereinbarung kann eine Gehaltserhöhung flankieren.

Schmerzgrenze

Nehmen wir an, Ihr Chef sagt: „Also gut, 1 Prozent mehr Gehalt!" Sollten Sie diesen Spatz in der Hand festhalten? Oder wäre es klüger, das Angebot abzulehnen? Eine Gehaltserhöhung, die unter 2,5 Prozent liegt, ist allenfalls ein Inflationsausgleich. Der Trick: Nun kann Ihr Chef sagen, er habe Ihnen „ja gerade erst eine Gehaltserhöhung gewährt", sofern Sie erneut mehr Gehalt fordern. Zwölf bis 18 Monate, so die ungeschriebene

Regel, sollten Sie nach einer Erhöhung stillhalten. Indem Sie das Miniangebot annehmen, legen Sie Ihren eigentlichen Gehaltswunsch in Fesseln.

Schritt für Schritt

Wenn nur kleine Erhöhungen drin sind, sollten Sie auf mehrere Schritte bestehen. Beispiel: Ihr Gehalt wird sofort um 2,5 Prozent erhöht. Dann kommen in sechs und in zwölf Monaten jeweils weitere 2,5 Prozent hinzu. Mit solchen Vorschlägen waren meine Klienten gerade in wirtschaftlich angeschlagenen Firmen erfolgreich. Dort lautet die Chef-Maxime oft: „Maximal 2,5 Prozent!" Wenn Sie es dann schaffen, 7,5 Prozent in drei Schritten zu holen, umgehen Sie das Tabu geschickt. Außerdem können Sie explizit vereinbaren: Nach dem letzten Erhöhungsschritt steht ein neues Gehaltsgespräch an.

Aber was unternehmen Sie, wenn Ihr Gehalt weit unter Ihrem Marktwert liegt, wenn Sie 30 oder 40 Prozent zu wenig verdienen? Dann sollten Sie überlegen, ob für Sie nicht ein ganz großer Gehaltssprung in Frage kommt – indem Sie Ihren Arbeitgeber wechseln. Ihr altes Gehalt muss dabei kein Klotz am Bein sein, wie Sie noch lesen werden (Kap. 6.5).

- *Eine mittlere Gehaltserhöhung liegt zwischen 5 und 10 Prozent. Bei Spitzenleistungen und Beförderungen sind 10 bis 20 Prozent drin, bei einem Wechsel des Arbeitgebers kann es etwas*

30

mehr sein. Keine falsche Bescheidenheit, denn Ihr Gehalt wird für 18 Monate oder länger auf diesem Niveau eingefroren.

4.2 Der Zeitpunkt macht's

Im späten Herbst geht ein Ruck durch die Belegschaft: Jedem dritten Mitarbeiter fällt ein, dass sein Gehalt im neuen Jahr steigen soll. Also pilgern Heerscharen zu ihrem Chef, vereinbaren einen Termin und wundern sich schließlich, dass die Verhandlung nicht zum gewünschten Ergebnis führt. Die Ursache des Scheiterns? Unglückliches Timing!

Stellen Sie sich den Gehaltsetat wie einen großen Kuchen vor. In den ersten Monaten des Geschäftsjahres ist er nahezu unberührt. Aber spätestens im Herbst und Winter greifen immer mehr Hände nach diesem Kuchen. Die Stücke werden kleiner, Ihr Chef muss bei der Vergabe knausern. Den Letzten beißt die Nullrunde. Wo nichts mehr ist, kann man nichts mehr holen.

Sommer-Vorstoß

Für Gehaltsverhandlungen gilt dasselbe wie an der Börse: Schwimmen Sie gegen den Strom, handeln Sie antizyklisch. Wer zuerst kommt, verdient zuerst! Sorgen Sie dafür, dass Ihre Forderung vor der klassischen Gehaltsverhandlungs-Saison abgenickt wird. Zum Beispiel im Sommer oder spätestens im frühen Herbst. So bekommen Sie ein großes Stück des Gehaltsetats serviert, während die Letzten sich um die Krümel balgen.

Dieser Kampf gegen Ende des Jahres wird umso härter, da sich die Mitarbeiter bei ihren Gehaltsgesprächen die Klinke in die Hand geben. Wenn der Vorgesetzte jetzt großzügig ist, muss er fürchten: Jede Entscheidung wird gegen ihn verwendet! Dann heißt es: „Aber Frau Bille hat doch auch eine Gehaltserhöhung von 10 Prozent ausgehandelt!" Der Kuchen wird immer kleiner, die natürliche Abwehrreaktion des Chefs immer ausgeprägter.

Tageslaune

Der Zeitpunkt im Jahr ist das eine – die Tageslaune Ihres Chefs das andere. Allerdings wäre es keine gute Idee, ihn spontan in eine Gehaltsverhandlung zu verwickeln, nur weil er gerade mal ein Liedchen pfeift. Einen Termin müssen Sie schon vereinbaren. Peilen Sie einen Zeitpunkt an, zu dem Ihr Chef erfahrungsgemäß in guter Laune ist. Zum Beispiel würden Sie mit einem Morgenmuffel nie einen Termin um 8.15 Uhr festlegen. Dagegen wäre ein solcher Frühstart erfolgsversprechend, wenn die Morgenstund für Ihren Chef Gold im Mund hätte.

Im Idealfall hat die gute Laune Ihres Chefs mit Ihnen zu tun! Vielleicht haben Sie gerade ein wichtiges Projekt abgeschlossen, ein neues Geschäftsfeld erobert oder durch einen Seminarbesuch eine Wissenslücke in der Firma geschlossen. Solche Aufhänger können Sie für

Ihr Gehaltsgespräch nutzen. Gerade hat die Firma von Ihnen profitiert, jetzt wollen Sie von der Firma profitieren. Für eine solche Argumentation, bei der ihr eigener Vorteil offensichtlich ist, haben Chefs ein offenes Ohr.

„Gehaltserhöhung" ist tabu

Für den Wochentag gilt: Montags versinken viele Chefs in Postbergen, hängen am Telefonhörer, kleben in Meetings. Ungünstig! Am Freitag sind sie in Gedanken oft schon im Wochenende. Auch ungünstig. Bleiben Dienstag, Mittwoch und Donnerstag.

Und wie vereinbaren Sie den Termin? Packen Sie den Stier bei den Hörnern und verlangen ein „Gespräch über eine Gehaltserhöhung"? Allein das Wort „Gehaltserhöhung" wirkt auf den Chef so wie die Katze auf den tollwütigen Hund. Besser bitten Sie um ein Gespräch über Ihre „Perspektiven in der Firma". Dann kann sich Ihr Chef denken, dass es auch ums Finanzielle geht. Aber er bleibt offen für das Gespräch.

30 *Bei Gehaltsverhandlungen gilt: Wer zuerst fordert, kassiert zuerst! Melden Sie Ihre Forderung möglichst schon im Sommer an. Die besten Aussichten hat Ihr Vorstoß, wenn Sie eine besondere Leistung vorzuweisen haben. Wählen Sie Wochentag und Tageszeit so, dass Ihr Chef erfahrungsgemäß guter Laune ist und Zeit für Sie hat.*

4.3 Die Drei-Ziele-Strategie

Was passiert, wenn Sie in einer Verhandlung mit offenen Karten spielen? Wenn Sie genau jene Summe fordern, die Sie auch bekommen wollen? Wird diese Ehrlichkeit belohnt? Geht, wer 350 Euro verlangt, auch mit 350 Euro aus dem Chefbüro? Dass man in einer Gehaltsverhandlung immer sagen kann, was man meint, und immer bekommen kann, was man fordert: Dieser Irrglaube ist weit verbreitet. Eine Verhandlung besteht zu 50 Prozent aus Argumenten, der Rest sind Taktik und Psychologie.

Versetzen Sie sich in Ihren Chef: Wie definiert er seine Rolle in dieser Verhandlung? Welche Signalwirkung hat es, wenn er Ihre Forderung einfach durchwinkt? Was muss geschehen, damit er den Eindruck gewinnt, er habe seine Sache gut gemacht?

Nehmen wir an, zwei Mitarbeiter, Herr Aue und Frau Luhe, gehen unabhängig voneinander in die Gehaltsverhandlung mit demselben Chef. Beide bewegen sich auf einem ähnlichen Gehalts- und Leistungsniveau. Beide haben gute Argumente, sind nicht auf den Mund gefallen und wollen dasselbe: eine Gehaltserhöhung von 350 Euro.

Taktik statt Klartext

Einen Unterschied aber gibt es: Herr Aue spricht Klartext, fordert 350 Euro. Frau Luhe dagegen steigt mit einer Forderung von 500 Euro ein. Wer, meinen Sie, hat bessere Chancen? Wohlgemerkt: Beide Mitarbeiter haben vorher ihren Marktwert recherchiert, beide Forderungen sind nicht ganz unrealistisch.

Nehmen wir an, der Chef gewährt Herrn Aue 350 Euro. Wie erfolgreich ist die Verhandlung dann für ihn als Firmenvertreter gelaufen? Nehmen wir an, er gewährt Frau Luhe denselben Betrag. Wie geht es ihm dann? Hier wird es interessant für Sie: Die absolute Summe ist gar nicht so wichtig; auf den Maßstab kommt es an. Und den definieren Sie durch die Höhe Ihrer Forderung. 350 Euro erscheinen dem Chef als Zumutung, sofern er damit eine Forderung zu 100 Prozent erfüllt. Aber sie erscheinen ihm als Verhandlungserfolg, sofern es ihm vorher gelungen ist, eine Forderung um 30 Prozent nach unten zu handeln.

Ich weiß, ich verlange viel von Ihnen! Nun fällt es Ihnen ohnehin schwer, mehr Gehalt zu fordern – und jetzt sollen Sie auch noch über den gewünschten Betrag hinausgehen. Aber vergessen Sie nicht: Sie tun Ihrem Chef damit einen Gefallen! Jede Verhandlung ist ein Ritual, sie hat ungeschriebene Gesetze, und eines der wichtigsten lautet: Immer Luft zum Verhandeln lassen! Nach diesem Grundsatz geht auch Ihr Chef vor, wenn er Ihnen ein Angebot macht. Er wird immer tiefer ansetzen, als er in Wirklichkeit zu geben bereit ist.

Alternativen

Am besten fahren Sie mit dem Drei-Ziele-Modell, das ich für meine Klienten entwickelt habe. Es funktioniert so: Vor der Verhandlung halten Sie drei Ziele schriftlich fest: ein Maximal-, ein Minimal- und ein Alternativziel. Das Maximalziel ist eine optimistische Forderung, sagen wir – wie im Fall von Frau Luhe – 500 Euro. Mit dieser Zahl steigen Sie in die Verhandlung ein. Das Minimalziel definiert Ihre Schmerzgrenze: Was brauchen Sie mindestens, um mit der Verhandlung zufrieden zu sein? Bei Frau Luhe könnten es 250 Euro sein. Und die dritte Möglichkeit ist das Alternativziel: eine andere Vergütungsform oder ein geldwerter Vorteil. Zum Beispiel könnten Sie, falls Ihnen nur 150 Euro angeboten werden, gleichzeitig eine Jahresprämie von 1.500 Euro vorschlagen. Dann kämen Sie unterm Strich auf eine monatliche Erhöhung von 275 Euro, würden also Ihr Minimalziel übertreffen. Auch eine teure Fortbildung könnte eine Lösung sein.

Flexibel sein

Genau darauf kommt es in einer Verhandlung an: Sie müssen flexibel sein! Wer nur eine Richtung kennt, landet schnell in der Sackgasse. Wer dagegen beweglich ist, sendet positive Signale. Und meist bekommen Sie das zurück, was Sie ausstrahlen. Wer unbeweglich wie ein Felsklotz ist, dem thront bald ein unbewegliches Bergmassiv gegenüber. Wer sich dagegen beweglich und kompromissbereit zeigt, regt seinen Chef durch das gute Beispiel zum Entgegenkommen an.

Übung

Zielsuche

Legen Sie mehrere Zettel auf den Tisch und halten Sie jeweils drei verschiedene Ziele für Ihre Verhandlung fest: Maximal-, Minimal- und Alternativziel. Mal setzen Sie hoch an, mal niedrig. Mal wählen Sie Prämie als Alternativziel, dann Fortbildung usw. Nun gehen Sie die Zettel durch, wägen Vor- und Nachteile ab. Welcher ist Ihr „Lieblingszettel"? Ein stimmiges Ziel finden Sie manchmal auch, indem Sie die Vorschläge mehrerer Zettel kombinieren.

In einer Verhandlung kommt es auf Taktik an. Lassen Sie bei Ihrer Forderung immer einen Spielraum, damit Ihr Chef Sie nach unten handeln kann. Mit drei Zielen – Maximal-, Minimal- und Alternativziel – können Sie flexibel reagieren.

4.4 Wer nennt die erste Zahl?

Nehmen wir an, Sie verdienen ziemlich wenig. Dann kann es klug sein, keine Forderung in den Raum zu stellen, sondern Ihren Chef ein Angebot machen zu lassen. Beispiel: Wer einen Marktwert von 2.400 Euro für sich ermittelt, im Moment aber nur 1.700 Euro bekommt, müsste eigentlich mehr als 700 Euro fordern. Aber wie reagiert der Chef, wenn er mit einer Gehaltsforderung von über 40 Prozent konfrontiert wird? So offen wie eine zugeschnappte Auster!

In diesem Fall empfiehlt sich die „Richtwert-Taktik". Statt eine Forderung vorzutragen, stellen Sie nach Präsentation Ihrer Leistung eine Summe als objektiven Maßstab in den Raum. Gleichzeitig signalisieren Sie Ihre Absicht, sich weiterhin für dieses und kein anderes Unternehmen zu engagieren. Nun liegt es an Ihrem Chef, Ihnen einen vernünftigen Vorschlag zu machen.

Richtwert-Beispiel

Ihr Anliegen könnte etwa so klingen: „Ich bin mir sicher, dass Sie mir ein faires Gehalt zahlen wollen." *(Sie setzen eine positive Erwartung in Ihren Chef, das steigert die Wahrscheinlichkeit, dass er sich auch so verhält).* „Deshalb habe ich nach einem Richtwert gesucht und bin auf einen Bericht der Industrie- und Handelskammer unserer Region gestoßen." *(Immer besser, Sie zitieren arbeitgebernahe Institutionen als die bei Chefs verhasste Gewerkschaft.)* „Gerne können Sie sich das einmal anschauen." *(Sie dokumentieren Ihre Behauptung und beziehen Ihren Chef ein).* „Dort wird ein Gehalt von etwa 2.500 Euro genannt." *(Sie nennen die Summe, ohne sie zu fordern; die Schlüsse überlassen Sie Ihrem Chef).* „Das liegt deutlich über meinem jetzigen Verdienst. Allerdings ist mir sehr daran gelegen, mich weiter mit ganzer Arbeitskraft in unserer Firma zu engagieren." *(Sie signalisieren Leistungsbereitschaft, deuten aber auch an, dass Sie sich ein entsprechendes Gehalt durch einen Wechsel holen könnten.)* „Haben Sie eine Idee, wie wir eine annehmbare Lösung finden?" *(Sie stellen keine Forderung, sondern spielen den Ball zu Ihrem Chef.)*

Vorschläge entwickeln

Wahrscheinlich wird Ihnen kein sofortiger Gehaltssprung von 40 Prozent gelingen. Aber es kann gut sein, dass Ihr Chef sich bei der Ehre packen lässt und Ihnen einen Vorschlag macht, wie Sie auf mittlere Sicht Ihren Marktwert erreichen können – etwa durch eine Erhöhung in mehreren Schritten oder durch ein Prämienmodell. Doch verlassen Sie sich nicht auf den Einfallsreichtum Ihres Vorgesetzten: Legen Sie sich vor der Verhandlung mehrere Ideen für alternative Vergütungsmodelle zurecht.

Eine Gehaltsverhandlung besteht zu 50 Prozent aus Taktik und Psychologie. Nur wer die heimlichen Spielregeln kennt, kann unheimlich erfolgreich sein:

- *Eine Gehaltserhöhung, die ihren Namen verdient, beginnt bei 3 bis 5 Prozent.*
- *Gehaltsetats sind wie Kuchen: Je früher im Geschäftsjahr Sie Ihr Stück abschneiden, desto größer kann es ausfallen.*
- *Setzen Sie Ihre Forderung möglichst hoch an – nach unten handelt Sie Ihr Chef ohnehin.*
- *Wenn Ihr Gehalt sehr niedrig ist: Hängen Sie die Latte höher, indem Sie einen Richtwert nennen. Und lassen Sie sich ein Angebot machen.*

30 MINUTEN

5. Die Macht der Argumente

Um eine Gehaltserhöhung zu bekommen, müssen Sie nur einen einzigen Menschen überzeugen: Ihren direkten Vorgesetzten. Wenn er sich hinter Ihre Forderung stellt, können Sie auf den Geldsegen bauen. Ein Gruppen- oder Abteilungsleiter verfügt über einen Etat, den er nach eigenem Ermessen verteilt. Wenn nicht, kann er Ihre Interessen zumindest nach oben vertreten und durchsetzen.

5.1 Ihr Chef ist Egoist – helfen Sie ihm!

Wie gelingt es Ihnen, den Chef für Ihr Anliegen zu gewinnen? Es kommt vor allem auf Ihre Argumente an.

Sie müssen zweierlei belegen:
1. Sie haben Ihre Leistung ausgebaut.
2. Sie bringen die Firma, Ihre Abteilung und vor allem Ihren Chef voran.

1. Ausbau der Leistung

Wenn Sie noch exakt dieselbe Arbeit verrichten wie zum Zeitpunkt der letzten Gehaltsverhandlung, dann steht Ihnen exakt dasselbe Gehalt zu – und kein Cent mehr! Das wird wenigstens Ihr Chef behaupten. Ist dieser Einwand ganz unrichtig? Nein, schließlich haben Sie sich bereit erklärt, eine bestimmte Arbeit zu einem bestimmten Gehalt zu erledigen. Die gute Nachricht: Ich wette mit Ihnen, Ihr Job von damals existiert nicht mehr! Sicher haben Sie zusätzliche Aufgaben übernommen, Ihre Verantwortung und Ihre Qualifikation ausgebaut, sind Sie effektiver geworden. Also kippt die Gehaltswaage – auf der einen Seite das Gehalt, auf der anderen Seite die Leistung – immer mehr zu Ihren Gunsten.

Aber mit dem bloßen Gefühl, dass Sie mehr arbeiten, ist es nicht getan; Sie müssen Ihre Leistung belegen. Studieren Sie Ihre Leistungsmappe. Wie hat sich Ihre Aufgabe verändert? Welche Fortbildungen haben Sie besucht? Haben Sie Kunden gewonnen, Verbesserungsvorschläge durchgesetzt, Kollegen eingearbeitet, Azubis geführt, Kranke vertreten? In welchen Punkten bringen Sie der Firma einen größeren Nutzen als früher?

Gleichzeitig sollten Sie in der Verhandlung einen Ausblick geben: Welche Projekte werden Sie in nächster Zeit umsetzen, welche Ideen schweben Ihnen vor? Das Gehalt lässt sich mit einem Aktienkurs vergleichen: Es spiegelt nicht nur die Gegenwart wider, es gibt auch einen Ausblick über die Perspektive. Wer der Firma

Potenzial bietet, sollte auf der Gehaltsleiter weiter oben stehen als Kollegen, die schon ans Dach ihrer Möglichkeiten gestoßen sind.

In jedem Fall muss bei Ihrem Chef der Eindruck entstehen: Sie fordern keine „Gehaltserhöhung", sondern eine „Gehaltsanpassung"; Sie werden nicht teurer, sondern leisten mehr; Ihre Gehaltserhöhung ist keine Ausgabe, sondern eine Investition. Wie Kinder von Zeit zu Zeit aus ihren Kleidern wachsen, so ist Ihre Leistung dem alten Gehalt entwachsen. Nun muss Ihre Vergütung eine Nummer größer ausfallen. Ein ganz natürlicher Vorgang!

2. Vorteil des Chefs

Welche Leistungen schätzt Ihr Chef besonders? Natürlich solche, die seinem direkten Vorteil dienen! Vergessen Sie nicht: Der typische Chef ist nicht nur Vorgesetzter, er hat auch Vorgesetzte. Und diese Oberbosse wiederum entscheiden über ihn, sein Gehalt und seine Karriere. Gerade in der heutigen Zeit werden leitende Angestellte immer mehr über leistungsabhängige Vergütung bezahlt. Und von wem hängt die Leistung Ihres Chefs ab? Von Ihnen und Ihren Kollegen! Wenn Sie die Ziele Ihres Chefs kennen und ihn unterstützen, ist Ihre Leistung für ihn bares Geld wert. Umgekehrt geht es Ihrem Chef wie einem glücklosen Fußballtrainer: Wenn die Mannschaft das Tor nie trifft, muss schließlich er den Hut nehmen.

Ziel im Blick

Darum: Finden Sie heraus, welche Jahresziele Ihr Chef mit der Geschäftsleitung vereinbart hat. Dazu müssen Sie keine Spionage betreiben, Sie können ihn offen fragen: „Es würde mich interessieren, welche Ziele unsere Abteilung in diesem Jahr verfolgt – und vor allem, was ich zum Erfolg beitragen kann?" Solche Fragen bekommen Chefs viel zu selten gestellt!

Nehmen wir an, Ihr Chef leitet eine Konstruktionsabteilung und hat von der Geschäftsleitung die Vorgabe, die Fehlerquote in den Entwürfen zu senken. Dann bringt es wenig, wenn Sie an einer ganz anderen Arbeitsfront kämpfen. Dann sollten Sie sich, soweit möglich, auf dieses übergeordnete Ziel konzentrieren. Handeln Sie unternehmerisch! Bringen Sie Verbesserungsvorschläge ein, entwickeln Sie pfiffige Ideen, zeigen Sie Ihrem Chef, dass Sie in seinem Team ein wichtiger Torjäger sind. Eine Hand wäscht die andere, das gilt auch in Sachen Gehalt.

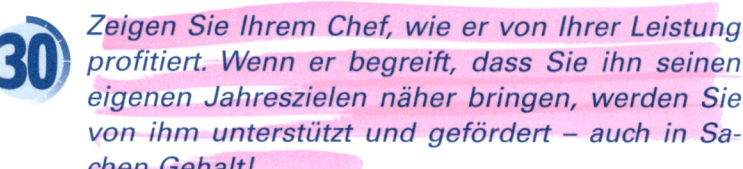

Zeigen Sie Ihrem Chef, wie er von Ihrer Leistung profitiert. Wenn er begreift, dass Sie ihn seinen eigenen Jahreszielen näher bringen, werden Sie von ihm unterstützt und gefördert – auch in Sachen Gehalt!

5.2 Stumpf-Argumente

Argumente sind wie Elfmeter beim Fußball: Man hat die Chance, mit ihnen die Verhandlung für sich zu entscheiden. Doch einige „Schüsse" der Mitarbeiter sind so schwach, dass der Chef sie mit leichter Hand abwehrt. Andere Schüsse gehen sogar nach hinten los! Das unveränderliche Kennzeichen aller Stumpf-Argumente: Sie leuchten nur dem ein, der sie ausspricht, dem Mitarbeiter – aber nicht dem, der überzeugt werden soll, dem Chef. Der Mitarbeiter betont seinen eigenen Vorteil, nicht den der Firma. Was Sie von einer Gehaltserhöhung haben, mehr Geld am Monatsende, bedarf keiner Erläuterung. Aber was hat die Firma von Ihrer Gehaltserhöhung? Auf den ersten Blick nur Kosten. Und mit Stumpf-Argumenten sorgen Sie dafür, dass dem ersten Blick kein zweiter folgt.

Sicht der Firma

Aber ist es nicht Ihr gutes Recht, dass Sie für Ihren eigenen Vorteil eintreten? Dass Sie, wenn die Kosten für Ihre Lebenshaltung steigen, auch Ihre Einnahmen nach oben treiben wollen? Und ob! Aber mit solchen Gedanken muss es sich wie mit dem Körper eines Eisbergs verhalten: Sie sollten in der Verhandlung unter der Oberfläche bleiben. Die einzige Spitze, die sticht, ist eine Argumentation aus Sicht der Firma.

Damit die schrecklichsten Argumente, die Mitarbeitern immer wieder auf den Lippen liegen, dort auch liegen bleiben (und nicht etwa rausrutschen): Hier eine Top-7 der Stumpf-Argumente, ehe die Trumpf-Argumente folgen.

Flop 1: „Alles wird teurer: Benzin, Strom, Bahnfahrkarte. Zeit für eine Gehaltserhöhung."

Kommentar: Bei Ihrem Chef entsteht der Eindruck, dass Sie mit Ihrem Geld nicht umgehen können. Offenbar geben Sie mehr aus, als Sie zur Verfügung haben. Wenn Sie privat ein Verschwender sind, wer garantiert dann, dass Sie es nicht auch in der Firma sind? Jedenfalls ist das Unternehmen kein Sozialamt, das für Ihren Lebensunterhalt einspringt. Gezahlt wird nach Leistung.

Flop 2: „Seit drei Jahren tritt mein Gehalt auf der Stelle – jetzt bin ich mal wieder dran!"

Kommentar: Ihr Chef sieht das ganz anders! Wenn Sie immer noch dieselbe Leistung bringen, warum sollten Sie dann mehr Gehalt bekommen? Dass die Vergütung mit den Dienstjahren wächst, dieses Prinzip gilt nur bei den Beamten. Deren Arbeitgeber, der Staat, ist nicht umsonst pleite!

Flop 3: „Entweder mehr Gehalt – oder ich geh zur Konkurrenz!"

Kommentar: Klingt so, als seien Sie frustriert, als würden Sie sich schon lange über Ihr Gehalt ärgern. Nun halten Sie Ihrem Chef die Verbalpistole an den Kopf.

Wetten, dass er lieber einen guten Mitarbeiter als sein Gesicht verliert! Außerdem: Warum verdienen Sie so schlecht? Liegt das wirklich nur an Ihrem Chef? Oder vielleicht auch daran, dass Sie sich in der Vergangenheit zu wenig um dieses Thema gekümmert haben?

Flop 4: „Hubert, mein Arbeitskollege, verdient 300 Euro mehr – das will ich jetzt auch!"

Kommentar: Nur weil Hubert vielleicht überbezahlt ist, haben Sie noch lange nicht denselben Anspruch! Außerdem wird es Ihren Chef auf die Palme treiben, dass Sie sich mit den Kollegen über die Gehälter austauschen; da wittert er gleich eine Verschwörung. Würde er sich dieser Argumentation beugen: Morgen führte der nächste Kollege Ihre Gehaltserhöhung als Argument für seinen Gehaltssprung ins Feld.

Flop 5: „Wo wir gerade ein Bierchen trinken: Mein Gehalt könnte endlich ..."

Kommentar: Schnaps ist Schnaps, und Dienst ist Dienst. Wenn Sie beides vermengen, kommt eine besoffene Mischung dabei heraus. Jedenfalls wird Ihr Chef sich überfallen fühlen, den privaten Kontakt mit Ihnen zurückfahren und Ihr Anliegen abschmettern wie einen zu leicht gespielten Ball beim Tischtennis.

Flop 6: „Die Firma baut schon wieder, Sie fahren einen neuen Dienstwagen – jetzt bin ich auch mal dran!"

Kommentar: Wer mit dem Zaunpfahl winkt, muss einkalkulieren, dass er damit aufgespießt wird! Eine solche Argumentation wird Ihr Chef als Größenwahn interpretieren, als Einladung, Ihnen einmal den Unterschied zwischen Ihnen und ihm klar zu machen. Und zwar bei erster Gelegenheit – also jetzt, indem er Ihre Gehaltsforderung knallhart ablehnt.

Flop 7: „Mehr Geld – oder ich mach Dienst nach Vorschrift."

Kommentar: Schon wieder eine Erpressung! Diesmal kündigen Sie an, bei vollem Gehalt nur noch halbe Leistung zu bringen. Klingt so ein Arbeitnehmer, der für die Interessen der Firma kämpft? Klingt so einer, der mehr Gehalt verdient hat? Oder ist das nicht vielmehr die Tonlage eines Frustrierten, den man bei nächster Gelegenheit aus der Mannschaft entfernen sollte?

 Meiden Sie alle Argumente, die nur Ihren Vorteil betonen, nicht aber den der Firma. Gewinnen Sie Ihren Chef als Partner, statt ihn zu erpressen, zu bedrohen oder ihn in Verlegenheit zu bringen.

5.3 Trumpf-Argumente

Bevor Ihr Chef grünes Licht für eine Gehaltserhöhung gibt, stellt er sich eine einfache Frage: Lohnt es sich denn? Bekommt die Firma für 1 Euro, den sie Ihnen zusätzlich gibt, vielleicht 1,10 Euro zurück? Dieser Rückfluss des Geldes, unter Chefs ROI genannt („Return on Investment"), ist das stärkste Argument in einer Gehaltsverhandlung. Wenn es Ihnen gelingt, Ihre Gehaltserhöhung als lohnende Investition zu verkaufen, laufen Sie mit Ihrer Forderung offene Türen ein. Aber wie soll Ihnen diese Beweisführung glücken?

Im Folgenden stelle ich Ihnen vier Trumpf-Argumente mit zahlreichen Beispielen vor, die schon manchen Gehaltstresor geknackt haben.

Trumpf-Argument 1: „Die Firma spart Geld durch mich!"

So packen Sie's an: Mal ehrlich: Wer geht mit dem Geld und dem Material der Firma schon so sparsam um, als müsste er es aus eigener Tasche bezahlen? Genau hier können Sie ansetzen: Wenn die Firma Ihnen gehörte – wo würden Sie mit dem Sparen anfangen? Welche Lecks der Verschwendung würden Sie stopfen? Ich garantiere Ihnen: An Sparmöglichkeiten fehlt es nicht. Halten Sie in Ihrem Leistungs-Tagebuch jeden gesparten Euro penibel fest – und fordern Sie später in der Gehaltsverhandlung einen fairen Anteil vom Fell des Bären, den Sie höchstpersönlich erlegt haben.

Spar-Ideen:

- Sie übernehmen Aufgaben, die bislang gegen Honorar ausgelagert wurden.
- Sie handeln Rabatte und günstigere Konditionen mit Lieferanten aus.
- Sie vertreten eine Kollegin und sparen so die Kraft von der Zeitarbeitsfirma.
- Sie vermitteln einen gefragten Arbeitnehmer an die Firma. Die Headhuntergebühr von drei bis vier Monatsgehältern entfällt.
- Sie machen den Vorschlag, ein zeit- und kostenaufwändiges Papierarchiv durch eine günstige Online-Ablage zu ersetzen.
- Sie kümmern sich darum, dass Rechnungen schnell beglichen und Skonti nicht mehr verschenkt werden.
- Sie verbessern den Warenfluss und sparen Lagerkosten.
- Sie sorgen dafür, dass Synergien zwischen Abteilungen genutzt werden. Warum zwei Farbkopierer anschaffen, wenn einer an der räumlichen Schnittstelle reicht?

Trumpf-Argument 2: „Ich bringe der Firma zusätzliches Geld!"

So packen Sie's an: Denken Sie wieder unternehmerisch! Gehen Sie davon aus, jeder zusätzliche Euro flösse in Ihre Tasche. Was würden Sie dann tun, um den Gewinn Ihrer Firma zu steigern? Gibt es neue Kunden, die man an Land ziehen, neue Geschäftsfelder, die man erschließen könnte? Gibt es Ideen von Marktführern der eigenen Branche, die sich auf das Unternehmen übertragen lassen (Benchmarking)? Und wohin fahren die Züge der Zukunft? Was kann die Firma tun, um Trends rechtzeitig aufzugreifen und mit ihnen zu verdienen?

Einnahme-Ideen:

- Sie ziehen durch Ihre Kontakte neue Aufträge und Kunden für die Firma an Land.
- Sie entwickeln ein neues Mahnverfahren, das die Zahlungsquote erhöht.
- Sie denken sich Produkte oder Dienstleistungen aus, die neuen Umsatz bringen. *Feyer*
- Sie erschließen für Ihre Firma ein neues Geschäftsfeld, an das noch keiner gedacht hat.
- Sie veröffentlichen Artikel in Fachzeitschriften. Diese kostenlose Werbung macht neue Kunden und Mitarbeiter auf Ihre Firma aufmerksam.
- Sie gewinnen durch Ihre Kreativität eine Ausschreibung und somit einen Auftrag.
- Sie machen die Geschäftsführung auf staatliche Zuschüsse aufmerksam, die der Firma zustehen und bislang nicht genutzt werden (zum Beispiel bei Umzügen).

Trumpf-Argument 3: „Die Firma profitiert von meiner verbesserten Qualifikation!"

So packen Sie's an: Stellen Sie sich vor, Sie könnten in eine Zeitmaschine steigen und in die Zukunft reisen. Wie sieht Ihre Firma in einigen Jahren aus? Welche

Entwicklungen sind absehbar? Vor allem: Was muss der Mitarbeiter der Zukunft können? Welche Techniken, welche Sprachen, welche Software beherrscht er? Je unentbehrlicher Sie sich für die Zukunft machen, desto besser Ihre Gehaltschancen.

Ideen für Weiterbildungen: *Beispiele Rede die—*

- Lassen Sie sich keinen Fachartikel entgehen, der die Entwicklung Ihrer Branche behandelt. Machen Sie Ihren Chef auf Trends aufmerksam und schlagen Sie entsprechende Fortbildungen für sich vor.
- Spicken Sie immer wieder bei den Vorreitern Ihrer Branche. Welche Software, welche Techniken sind im Anmarsch? Sorgen Sie dafür, dass Ihre Firma frühzeitig reagiert.
- Fragen Sie sich, welche Doppelqualifikationen in Ihrer Branche gefragt sind. Wer zum Beispiel ein naturwissenschaftliches Studium durch eines der Betriebswirtschaft ergänzt, steigert seinen Marktwert enorm.
- Lernen Sie eine Fremdsprache, die in Ihrer Firma kaum einer spricht, die aber in Zukunft nützlich sein wird. Im Zuge einer Osterweiterung könnten sich zum Beispiel Kenntnisse der russischen Sprache und Kultur als wertvoll erweisen.
- Leisten Sie sich einen privaten Coach! Er kann mit Ihnen die beruflichen Ziele abstecken und Sie bei der Umsetzung unterstützen. Spitzenleistungen bringen Spitzengehälter!

Trumpf-Argument 4: „Ich habe meine Leistung und meine Verantwortung ausgebaut!"

So packen Sie's an: Suchen Sie jeden Tag nach Möglichkeiten, wie Sie mehr Verantwortung übernehmen und anspruchsvollere Aufgaben anpacken können. Wie können Sie Ihren Chef entlasten und seinen persönlichen Zielen näher bringen? Wenn Sie so denken, ragen Sie heraus, wachsen mit Ihrer Aufgabe und bieten sich nicht nur für Gehaltserhöhungen, sondern auch für Beförderungen an.

Ideen für mehr Verantwortung:

- Bieten Sie Ihrem Vorgesetzten an, ihn zu entlasten. Jeder seiner Schwachpunkte ist eine Chance für Sie, ihn zu unterstützen.
- Übernehmen Sie Vorgänge, die zwar wichtig sind, in Ihrem Arbeitsbereich aber als unbeliebt gelten. Dazu gehört oft das Schreiben von Protokollen.
- Nutzen Sie jede Chance, „Personalverantwortung" zu ergreifen. Ob Sie einen Auszubildenden anleiten, eine neue Mitarbeiterin einarbeiten oder eine Projektgruppe leiten: alles Führungsaufgaben!
- Entwickeln Sie den Ehrgeiz, jedes Quartal mindestens einen schriftlichen Verbesserungsvorschlag zu machen, am besten in Abstimmung mit Ihrem Chef.
- Überlegen Sie bei allen Aufgaben, die Ihnen übertragen werden, ob Sie die gewünschte Qualität und Quantität ein wenig übertreffen können.

- Nutzen Sie jede Chance zu einer Urlaubsvertretung oder einer Rotation der Arbeitsplätze. Das erweitert Ihren Horizont und Ihre Gehaltschancen.

30 *Zeigen Sie in der Gehaltsverhandlung, welchen Nutzen Sie der Firma bringen. Wenn Sie den Firmengewinn ankurbeln, sich qualifizieren und Ihre Verantwortung erweitern, dann gilt Ihre Gehaltserhöhung als sinnvolle Investition – und nicht als lästige Ausgabe!*

5.4 Übung macht Verhandlungsmeister

Der Chef, geübt im Verhandeln und seelenruhig – der Mitarbeiter, völlig untrainiert und angespannt: Allein diese Ausgangslage erklärt, warum so viele Gehaltsverhandlungen scheitern. Die gute Nachricht: Es liegt an Ihnen, „Waffengleichheit" herzustellen! Denn Sie haben einen gewaltigen Vorteil gegenüber Ihrem Chef: Sie können Ihre Verhandlung perfekt vorbereiten. Während Ihr Vorgesetzter sich vielleicht eine halbe Stunde nimmt, kann sich Ihre Vorbereitung über Wochen erstrecken. Und Sie wissen ja, wie das vor Wettkämpfen ist: Übung macht den Meister!

Sprechen statt denken

Spielen Sie Ihre Gehaltsverhandlung durch. Sprechen Sie Ihre Argumente aus, selbstbewusst und laut. Mit jedem Satz, der über Ihre Lippen kommt, gewinnen Sie Selbstvertrauen und Routine. Jeder Auftritt vor dem Spiegel, jedes Gespräch mit einem Freund oder einer Freundin ist besser als eine Vorbereitung nur auf dem Papier.

Immer mehr Arbeitnehmer lassen sich professionell vorbereiten – durch einen Gehaltscoach. Mit diesem Profi legen sie ihre Ziele fest, arbeiten die stärksten Argumente heraus und spielen die Verhandlung durch. Folgendes Rollenspiel hat sich in meinen Coachings bewährt: Ich übernehme den Part des Chefs (den ich mir vorher beschreiben lasse), der Mitarbeiter bleibt in seiner Rolle. Die Situation ist realistisch: Er argumentiert für seine Gehaltserhöhung, reagiert auf meine Einwände, erlebt die Verhandlung fast so, als säße er seinem Chef gegenüber. Danach analysieren wir den Auftritt: Welche Stärken lassen sich ausbauen, welche Schwächen abstellen? Auf dieser Basis beginnt die nächste Runde.

Allein der Unterschied zwischen der ersten und der zweiten Übung kann ein Quantensprung sein! Ich sehe förmlich, wie meine „Verhandlungspartner" selbstbewusster werden: Die Stimme klingt tiefer, die Körpersprache wirkt souveräner, die Argumente treffen ins Ziel. Vor allem lassen sich die Mitarbeiter von meinen Gegenargumenten, zum Beispiel dem Verweis auf die

Gehaltsstruktur, nicht mehr so schnell ins Bockshorn jagen. Schließlich haben wir geübt, wie man pfiffig auf Killerphrasen antwortet und Fettnäpfchen umgeht (siehe auch ab Seite 81).

Erfolgs-Programm

Nach einigen Trainingsrunden steht fest: Diesmal wird eher der Chef untrainiert sein! Die Lernforschung belegt: Durch lautes Sprechen prägen sich Inhalte besser ein als durch bloßes Denken. Das Gehirn wird programmiert, die Argumente werden abrufbar.

Eine Gehaltsverhandlung ist dann erfolgreich, wenn Sie das Jawort Ihres Chefs erhalten. Je besser Ihre Argumente, desto eher wird er zustimmen. Lassen Sie Ihre Gehaltserhöhung als Investition erscheinen:

- **Machen Sie Ihrem Chef deutlich, dass Sie ihn und seine Abteilung vorwärts bringen.**
- **Klammern Sie Ihren persönlichen Vorteil aus. Zeigen Sie, was die Firma davon hat!**
- **Weisen Sie mit Ihrer Leistungsmappe nach, wo Sie Geld sparen oder zusätzliche Einnahmen bringen.**
- **Machen Sie deutlich, dass Ihre Qualifikation und Ihr Verantwortungsbereich täglich zunehmen.**
- **Gehen Sie ins Trainingslager, üben Sie die Verhandlung mit einem Coach.**

30 MINUTEN

Beherrschen Sie Sprache und Körpersprache?

Können Sie Killerphrasen kontern?

Holen Sie im Verhandlungsgespräch das Beste heraus?

6. Das Gehaltsgespräch

Manche Mitarbeiter fallen sich in der Gehaltsverhandlung selbst in den Rücken: durch ihre Sprache und ihre Körpersprache. Ein paar falsche Wörtchen, ein paar unsichere Gesten, schon bekommt der Chef Oberwasser. Aus der systemischen Psychologie ist bekannt: Wer sich wie ein Schaf verhält, lockt die Wölfe an. Je unsicherer der Mitarbeiter wirkt, desto bestimmender tritt der Chef auf. Die offensichtliche Schüchternheit wertet er als Einladung, das Kommando zu übernehmen und der Forderung die Flügel zu stutzen.

6.1 Sprache mit Tücken

Mehr Sicherheit ausstrahlen: Das wird Ihnen gelingen, wenn Sie ein Bewusstsein für die rhetorischen Fallen entwickeln. Es geht um zweierlei: um Ihre Sprechweise und Ihre Wortwahl. In beidem spiegelt sich Ihre innere Verfassung wider, vor allem mögliche Unsicherheit.

Sprechweise

Achten Sie darauf, dass Ihre Stimme eher tief als hoch, eher laut als leise klingt. Flüstern wirkt, als schämten Sie sich für Ihr Anliegen. Fehlt Ihnen der Mut, Ihre Forderung laut auszusprechen? Frauen neigen dazu, Aussagen im hohen Ton der Frage enden zu lassen. „Ich habe meine Leistung ausgebaut!": Als Tiger der Feststellung soll dieser Satz springen – als Bettvorleger der Frage kommt er an: „Ich habe meine Leistung ausgebaut?" Der Subtext lautet: „Urteile du, großer Chef – ich bin mir nicht sicher!"

Wortwahl

Wählen Sie Ihre Worte mit Bedacht. Gefragt sind keine Formulierungskünste, nur klare Sätze ohne sprachliche Weichmacher. Gerade wenn sich ein Mitarbeiter unsicher fühlt, dringen diese Weichmacher wie Parasiten in seine Sprache ein und saugen alle Kraft aus ihr. Welche Signale er zwischen den Zeilen an seinen Chef sendet, ist dem Sprechenden meist nicht bewusst.

„Ich wollte über meine finanzielle Perspektive sprechen." – Das klingt nach einem Rückzieher. Der Mitarbeiter „will" dieses Thema offenbar nicht anschneiden, er „wollte" es. Hat er es sich anders überlegt? Ist er innerlich schon auf dem Rückzug? Warum sollte der Chef in diesem Fall eine Gehaltserhöhung rausrücken?

Konjunktiv bremst

„Ich hätte da ein Anliegen ..." – „Ich würde meinen ..." – Haben Sie ein Anliegen – oder haben Sie keines? Meinen Sie etwas – oder meinen Sie es nicht? Der Konjunktiv, die Möglichkeitsform, mag in der Umgangssprache ein Zeichen von Höflichkeit sein: In der Verhandlung ist er ein Signal für Unsicherheit. Dabei müssen Sie, um eine Gehaltserhöhung zu bekommen, ganz anders wirken: entschlossen und zupackend!

Eine ähnliche Bremswirkung haben relativierende Einschübe wie „eigentlich", „vielleicht", „eventuell", „möglicherweise", „im Grunde genommen". „Eigentlich habe ich der Firma viel Geld gespart." – Das klingt, als hätten Sie eine gute Absicht gehabt, aber seien in letzter Minute doch noch gescheitert. Wer zum Beispiel von sich sagt, dass er „eigentlich" nicht raucht, hat gerade eine Zigarette in den Fingern. Ein einziges Wörtchen genügt, um Ihre Aussage ins Gegenteil zu kehren.

Die „Äh"-Krankheit

Noch schlimmer wird es, wenn die Aussage zusätzlich von Verlegenheitslauten unterbrochen wird: „Äh, im Grund wäre es, tja, schön, wenn Sie freundlicherweise, äh, zu der Überzeugung kämen, äh, mein Gehalt vielleicht ..." „Tja" und „äh" senden wieder einen Subtext: „Ich weiß nicht, was ich jetzt sagen soll. Ich bin mit meinem Satz losgelaufen, ohne das Ziel zu kennen." Dieses Signal ist natürlich eine Einladung, Ihnen ins Wort zu fallen und Sie aus der rhetorischen Bahn zu werfen.

Ungeschmälert

Und noch eine letzte Warnung: Schmälern Sie Ihre Aussagen nicht durch sprachliche Kleinmacher! Wer „nur" mal fragen will, wer „lediglich" seine Pflicht getan hat, wer „ein wenig" mehr Gehalt will, der tritt als kleines Mäuschen mit Hut auf – nicht als ebenbürtiger Verhandlungspartner.

Indem Sie Rollenspiele auf Tonband aufnehmen oder sich im Coaching eine Rückmeldung geben lassen, können Sie die rhetorischen Stolpersteine aus dem Weg rollen.

Sprechen Sie in der Verhandlung laut und klar. Bringen Sie Ihre Aussagen auf den Punkt, ohne Konjunktive, Weichmacher und Verneinungen. Schmälern Sie Ihre Leistung nicht durch sprachliche Kleinmacher wie „lediglich" oder „nur".

6.2 Körper als Verräter

Bevor Sie das erste Wort in der Verhandlung sagen, haben Sie schon gesprochen: durch Ihre Gestik und Mimik. Mehr als die Hälfte aller Botschaften werden durch Körpersprache gesandt. Hier liegt ein Risiko: Ihr Körper kann zum Verräter werden, denn seine Aussagen sind unmittelbarer als schöne, in Ruhe zurechtgelegte Formulierungen. Im Zweifel gilt: Die Worte lügen, der Körper spricht die Wahrheit.

Hand-Streich

Auch wenn Sie Ihre Forderung in selbstbewussten Worten vortragen: Ihr Blick, den Sie immer wieder abwenden, lässt Sie als unsicher erscheinen. Auch wenn Sie eine Frage bejahen: Ihr Kopf, den Sie derweil schütteln, lässt Ihre Antwort als Verneinung ankommen. Vor allem die Hände sprechen Bände. Sind Ihre Handflächen beim Gestikulieren nach unten gedreht? Dann wirken Sie unehrlich und verschlossen. Fährt Ihre Hand an den Mund, während Sie eine positive Aussage machen? Dann kommt an: Sie wollen Ihre eigenen Worte zurückrufen! Fassen Sie sich ans Ohr, während Sie Ihrem Chef Recht geben? Dann degradieren Sie Ihre Worte zur rhetorischen Luftnummer, weil Sie offenbar doch anderer Meinung sind, sich die Ohren am liebsten zuhalten würden.

Die Wahrheit steht Ihnen ins Gesicht und auf den Körper geschrieben. Wer sich auf die Lippen beißt, die Arme verschränkt und den Oberkörper desinteressiert zurücklehnt, wirkt verkrampft, arrogant und unnahbar. Solche Signale haben eine fatale Wirkung: Ihr Chef kann sich davon anstecken lassen, kann ebenfalls zumachen. Dabei sind Sie auf seine Offenheit für Ihre Forderung angewiesen!

Bewusstsein wecken

Was können Sie tun, um Ihre Körpersprache zu verbessern? Sollen Sie in der Verhandlung mit der einstudierten Gestik eines Theaterschauspielers auftreten? Bloß nicht! Eingeübte Körpersprache kann künstlich und übertrieben wirken. Wichtig ist: Entwickeln Sie ein Bewusstsein für Ihre körperlichen Signale. Bitten Sie

Freunde und Bekannte um Rückmeldungen! Üben Sie Rollenspiele vorm Spiegel und achten Sie darauf, welche Gestik und Mimik Ihnen günstig und welche ungünstig erscheint.

Selbst-Check

Heimliche Signale

Drei Fragen sollten Sie sich gelegentlich in der Verhandlung stellen, um Ihren Körper im Blick zu behalten:

Was machen meine Hände?

Sind Ihre Hände unverkrampft? Zeigen Sie beim Sprechen offene Handflächen (Aufrichtigkeit!)? Oder spielen Ihre Hände mit einem Kugelschreiber (Unsicherheit!)? Kneten sie einander (Verkrampfung!)? Sitzen Sie auf ihnen (Verschlossenheit!)? Ballen Sie eine Faust (Wut!)?

Was macht mein Körper?

Sind Sie Ihrem Chef im wahrsten Sinne zugewandt (Verständnis!)? Neigen Sie sich ein wenig in seine Richtung (Aufmerksamkeit!)? Sitzen Sie ruhig auf Ihrem Stuhl (Standhaftigkeit!)? Oder wippen Sie von einer Pobacke auf die andere (Unsicherheit!)? Sitzen Sie auf der Kante Ihres Stuhls (Fluchthaltung!)? Verschränken Sie die Arme vor der Brust (Ablehnung!)?

Was macht mein Gesicht?

Schauen Sie Ihrem Chef in die Augen (Sicherheit!)? Ist Ihre Mimik freundlich (gelegentliches Lächeln), aber nicht unterwürfig (Dauergrinsen)? Sprechen Sie tatsächlich, wenn Sie den Mund öffnen (Entschlossenheit!) – oder schließen Sie den Mund öfter wieder wortlos (Unsicherheit!)?

Ihre Körpersprache spricht Bände über Ihr inneres Befinden. Entwickeln Sie ein Bewusstsein für Ihre Gestik und Ihre Mimik. Durch Übungen vorm Spiegel können Sie negative Körpersignale erkennen und an der Offenheit Ihres Ausdrucks arbeiten.

6.3 Killerphrasen kontern

Richtig gefährlich wird es in einer Gehaltsverhandlung, wenn Ihr Chef zu Killerphrasen greift. Offenbar sind Ihre Argumente so gut, dass der Chef sich auf der rationalen Ebene nicht mehr zu helfen weiß. Aber wie wehren Sie diesen Schlag mit der Phrasenkeule ab? Vielen Mitarbeitern fehlen die Worte, wenn der Chef zum Beispiel behauptet: „Die Finanzlage der Firma lässt keine Erhöhung zu!"

Regeln gegen Killer

Beim Antworten auf Killerphrasen gelten vier Regeln:
1. Bleiben Sie freundlich und sachlich. Wer mit gleicher Münze zurückzahlt, gießt Öl ins Feuer – und verheizt seine Gehaltschancen.

2. Signalisieren Sie Ihrem Chef, dass Sie seine Einwände ernst nehmen – statt ihn als Lügner oder rhetorischen Taschenspieler zu entlarven.
3. Betonen Sie die Einigkeit in einzelnen Punkten und alles Positive. Wenn Ihr Chef „Ja, aber ..." sagt, ist auch ein „Ja" enthalten!
4. Gehen Sie nur kurz auf die Killerphrasen ein, um das Gespräch zurück auf Ihre Trumpf-Argumente zu lenken.

Welches sind die gängigen Killerphrasen? Welche Antworten sind geeignet, diese Phrasen zu entschärfen? Hier vier wichtige Beispiele:

Killer 1: „Die Firma kann sich das bei der jetzigen Wirtschaftslage nicht leisten!"

Kommentar: Ihr Chef will sich geschickt aus der Affäre ziehen. Er schiebt den schwarzen Peter an die Firma weiter. Das Unternehmen – nicht er! – steht einer Erhöhung im Weg. Aber wer ist die Firma? Eine juristische Person, mit der Sie nicht verhandeln können! Also müssen Sie gegen Windmühlenflügel kämpfen.
In Wahrheit verfügt jede Firma, die nicht pleite ist, über Geld. Die Frage ist nur, wie sie es investiert. Je mehr es Ihnen gelingt, Ihre Gehaltserhöhung als lohnende Investition darzustellen, desto größer Ihre Chancen.

Forschen Sie nach

Tipp: Recherchieren Sie im Vorfeld, wie es der Firma wirklich geht. Lesen Sie den Jahresbericht, pflegen Sie ein gutes Verhältnis zum Buchhalter. Wird Gewinn gemacht? Mehr als im Vorjahr? Welche Höhe genau? Wichtig sind die Prognosen für die Zukunft. Meist sprechen Chefs auch dann noch von Dunkelheit, wenn das Licht am Ende des Tunnels schon blendet.

Antwort-Beispiel 1: „Ich stimme Ihnen zu: Die Wirtschaftslage ist nicht rosig." *(Sie nehmen das Argument des Chefs an, wenn auch auf allgemeiner Ebene; Widerspruch würde ihn provozieren.)* „Letztes Jahr lag unsere Umsatzrendite bei nur 2 Prozent, nun haben wir laut Jahresbericht wieder 5 Prozent erreicht." *(Ihr Chef merkt: Sie sind vorbereitet, er kann Ihnen nichts vormachen.)* „Und die Prognosen für die Zukunft sehen gut aus. Deshalb ..." *(Sie haben den Einwand widerlegt und können jetzt argumentieren.)*

Antwort-Beispiel 2 *(falls die Firma wirklich in der Krise steckt)*: „Schon wahr, der Karren steckt im Dreck. In dieser Situation muss die Firma sparen." *(Sie sprechen Ihrem Chef aus der Seele, um im nächsten Satz aus der Not die Tugend zu machen.)* „Ist es nicht sinnvoll, gerade jetzt Mitarbeiter zu fördern, die das Geld der Firma zusammenhalten und die Kosten senken?" *(Sie servieren Ihre Aussage als rhetorische Frage, das löst weniger Widerstände aus.)* „Wie Sie meiner Leistungsmappe entnehmen können, habe ich ..." *(Nun führen Sie auf, wo Sie Geld gespart haben und wo Sie noch Geld sparen werden. Vor diesem Hintergrund erscheint Ihre Gehaltserhöhung plötzlich als lohnende Investition.)*

Killer 2: „Vielleicht nächstes Jahr …"

Kommentar: Während ein hartes „Nein" den Wind aus Ihrem Motivationssegel nehmen könnte, soll Sie ein Verweis auf die Zukunft bei Laune halten: Idealerweise arbeiten Sie mit der alten Energie, aber auch zum alten Gehalt weiter. Und wenn ein Jahr vergangen ist, werden Sie vielleicht wieder um zwölf Monate vertröstet.

Tipp: Empfangen Sie den positiven Teil der Botschaft: Ihr Chef kann sich eine Erhöhung vorstellen. Es geht also nur noch um den Zeitpunkt. Auf dieser Basis können Sie verhandeln. Falls es doch zu einem Aufschub kommt: Halten Sie den Zeitraum so klein wie möglich und lassen Sie sich die Vereinbarung schriftlich geben. Mündliche Zusagen sind nichts wert.

Antwort-Beispiel: „Es freut mich, dass Sie sich eine Gehaltserhöhung vorstellen können. Was den Zeitpunkt angeht: Gerne können wir über einen zweiten Erhöhungsschritt in zwölf Monaten sprechen." *(Sie lassen die Grundidee stehen, drehen sie aber zu Ihrem Vorteil.)* „Heute geht es mir um den ersten Schritt – einen Schritt, für den ich viel getan habe. In letzter Zeit hat die Firma wie folgt von meiner Arbeit profitiert …" *(Nun geben Sie die Höhepunkte Ihrer Leistungsmappe zum Besten.)* „Ich bin sicher, dass Sie den Wert dieser Leistung erkennen und auch bereit sind, sich mit mir auf einen fairen Gegenwert zu einigen. Also …"
(Durch den Beleg Ihrer Leistung schaffen Sie die rationale, durch die positive Erwartung in Ihren Chef die emotionale Voraussetzung für eine Einigung. Jetzt können Sie allmählich Ihre Maximal-Forderung ins Spiel bringen.)

Killer 3: „Das würde die Gehaltsstruktur sprengen!"

Kommentar: Diese Behauptung erweckt den Eindruck, es gebe eine gerechte Gehaltsstruktur. In den meisten Unternehmen ist das nicht der Fall. Die Gehaltsstrukturen sind so schief wie der Turm von Pisa. Meist werden Mitarbeiter, die von außerhalb abgeworben wurden, deutlich besser als alteingesessene bezahlt.

Außerdem tut Ihr Chef so, als existierte ein unverrückbarer Gehaltsrahmen. Das ist aber nicht einmal in Tarifverträgen der Fall. Es gibt lediglich eine Schmerzgrenze nach unten. Nach oben sind keine formalen Grenzen gesetzt. Nicht umsonst bekommen die meisten Fach- und Führungskräfte ein übertarifliches Gehalt. Außerdem: Wer sich mit einem geringen Gehalt abspeisen lässt, tut den Kollegen keinen Gefallen – er verdirbt die Preise!

Tipp: Lassen Sie sich nicht auf die abstrakte Diskussion über die Gehaltsstruktur ein. Machen Sie deutlich, dass Sie eine außergewöhnliche Leistung erbracht haben und deshalb auch auf einem außergewöhnlichen Gehalt bestehen. Geben Sie zu erkennen, dass Ihnen Ihr Marktwert bekannt ist.

Antwort-Beispiel: „Die Gehaltsstruktur soll gerecht sein, da bin ich ganz auf Ihrer Seite." *(Sie holen Ihren Chef dort ab, wo er steht.)* „Und wenn Sie von ‚gerecht' sprechen, nehme ich an, meinen Sie auch: ‚leistungsgerecht'?" *(Sie wenden das Argument zu Ihren Gunsten. Er muss wohl zustimmen, nun ist eine gemeinsame Wertegrundlage definiert.)* „Lassen Sie uns einen Blick darauf

werfen, was meine Leistung der Firma gebracht hat ..."
(Nun fassen Sie Ihre handfesten Argumente noch einmal zusammen.) „Teilen Sie die Einschätzung, dass meine Leistung über dem Durchschnitt liegt?" *(Ihr Chef nickt.)* „Dann sollte – im Sinne einer leistungsgerechten Bezahlung – ein überdurchschnittliches Gehalt auch im Interesse der Firma liegen. Darum ..." *(Das Argument ist entkräftet, Sie können einen neuen Anlauf nehmen.)*

Killer 4: „Ich würde ja – aber mein eigener Chef will nicht!"

Kommentar: Sehr geschickt! Ihr Chef sendet eine doppelte Botschaft: Er, der Gute, steht hinter Ihnen. Aber sein Chef, der Böse, hindert ihn daran, gut zu sein. Mit anderen Worten: höhere Gewalt! In Wahrheit definieren sich die meisten Chefs darüber, dass sie „Personalverantwortung" tragen. Und darunter fällt nun mal auch die Vollmacht, ein Gehalt zu erhöhen oder zumindest eine solche Erhöhung nach oben durchzusetzen.

Positives festhalten

Tipp: Halten Sie wieder das Positive fest: Ihr Chef sagt „ja" zu Ihrem Anliegen, er gesteht ein, dass Sie eine Gehaltserhöhung verdient haben. Vor diesem Hintergrund schlagen Sie ein Gespräch mit dem „Oberboss" vor. Dann steht Ihr Vorgesetzter bei Ihnen in der Pflicht, für Ihr Anliegen einzutreten – und kann sich nicht in die cheftypische Rolle des Sparkommissars zurückziehen.

Antwort-Beispiel: „Verstehe ich Sie richtig, dass Sie in der Zwickmühle sitzen: Sie wollen mein Gehalt erhöhen, aber von oben sind Ihnen die Hände gebunden?" *(Sie hören aktiv zu und geben zweierlei wieder: die Gefühle Ihres Chefs – Stichwort Zwickmühle – und den umformulierten Inhalt seiner Aussage. Ihr Chef fühlt sich verstanden und stimmt zu.)* „Das freut mich, dass Sie meine Leistung erkennen und auch belohnen wollen." *(Lob an den Chef, stärkt die Beziehungsebene.)* „Lassen Sie uns nach einem Weg suchen, wie wir Ihren Chef überzeugen können." *(Plötzlich sitzen Sie beide in einem Boot, planen gemeinsame Sache.)* „Ich schlage vor, wir vereinbaren ein Gespräch zu dritt. Dann kann ich meine Argumente noch einmal vortragen. Grünes Licht von oben würde Sie aus Ihrer Zwickmühle befreien – nicht wahr?" *(Sie bauen Ihrem Chef eine Brücke. Falls er Sie übers Ohr hauen wollte, sitzt er in der eigenen Falle. Falls er ein Feigling ist, muss er sich wohl von Ihnen an die Hand nehmen lassen – und gemeinsam mit Ihnen für die Erhöhung eintreten.)*

Übung

Killer entwaffnen

Überlegen Sie einmal, zu welchen Killerphrasen Ihr Chef neigt. Wie schmettert er Anliegen im Alltag ab? Verweist er auf die Finanzlage? Vertröstet er bis zum Sankt-Nimmerleins-Tag? Schiebt er alles auf seinen eigenen Chef? Schreiben Sie alle Vorwände auf, die in der

Verhandlung schlimmstenfalls kommen könnten – und spielen Sie Ihre Antworten im Rollenspiel so lange durch, bis Sie die Killerphrasen entwaffnen können. Dann haben Sie in der Verhandlung nichts mehr zu befürchten.

Gehen Sie freundlich im Ton, aber hart in der Sache auf Killerphrasen ein. Indem Sie aktiv zuhören, das Positive betonen und zurück auf Ihre Trumpf-Argumente kommen, können Sie das Blatt wenden. Die Antworten auf vier weitere Killerphrasen und viele zusätzliche Tipps können Sie meinem Standardwerk „Geheime Tricks für mehr Gehalt" (Econ, 2003) entnehmen.

6.4 Gehaltssprung im Vorstellungsgespräch

Wie schafft man es, sich als Bewerber teuer zu verkaufen? Worauf kommt es beim Gehaltspoker im Vorstellungsgespräch an? Viele Jobsuchende sind verunsichert, gerade in Zeiten der Massenarbeitslosigkeit. Einerseits wollen sie einen (neuen) Job – andererseits wollen sie sich nicht mit einem Minigehalt abspeisen lassen. Das ist auch gar nicht nötig! Im Folgenden werde ich mit vier hartnäckigen Vorurteilen über Gehaltsfragen beim Stellenwechsel aufräumen und Ihnen praktische Tipps für die Verhandlung geben.

Vorurteil 1: Eine hohe Gehaltsforderung mindert die Chancen.

Falsch! Mit „billigen" Bewerbern verhält es sich wie mit Sonderangeboten im Supermarkt: Reduzierte Ware taugt oft wenig! Mal ist sie kurz vorm Verfallsdatum, mal hat sie Schönheitsfehler. Wollen Sie einen solchen Eindruck erwecken? Zumal Sie in Ihren Bewerbungsunterlagen doch für sich selbst trommeln, für Ihre Qualifikation und Ihre bisherigen Leistungen. Wie passt ein Schleuderpreis zu diesen angeblichen Qualitäten (von denen Sie die Firma offenbar überzeugt haben, sonst wären Sie nicht zum Vorstellungsgespräch geladen!)?

Wer ein Minigehalt fordert, sendet das falsche Signal. Er weckt den Verdacht, er sei dringend auf einen Arbeitsplatz angewiesen. Ist Ihre Forderung durch zahlreiche Absagen anderer Firmen geschmolzen? Wenn ja: Welchen Pferdefuß haben die anderen entdeckt? Diese kritischen Fragen werden bei einem Bewerber mit leistungsgerechter Gehaltsforderung erst gar nicht gestellt. Chefs wissen sehr wohl: Spitzenware hat auch einen Spitzenpreis. Fordern Sie Ihren Marktwert. Beim Wechsel des Arbeitgebers ist ein Gehaltssprung von mindestens 10, eher 15 oder 20 Prozent angemessen.

Vorurteil 2: Im Vorstellungsgespräch spricht man über das Monatsgehalt.

Falsch! Das Monatsgehalt führt in die Irre, es kommt allein auf den Jahresverdienst an. Wer zum Beispiel bisher 2.300 Euro im Monat bekommt, nach einem

Wechsel aber 2.700 Euro, macht auf den ersten Blick ein gutes Geschäft: Sein Einkommen steigt um 17 Prozent! Aber nehmen wir an, der alte Arbeitgeber zahlt 13 Gehälter, eine halbes Gehalt als Urlaubsgeld und 1.000 Euro Prämie. Dagegen gibt es beim neuen Arbeitgeber nur zwölf Gehälter. Das bedeutet unterm Strich: Das Jahreseinkommen verbessert sich gerade mal um ein mickriges Prozent, um 350 Euro (von 32.050 auf 32.400 Euro). Pro Monat sind das 29 Euro! Kein Gehaltssprung – ein schlechter Witz! Darum: Beugen Sie Augenwischereien vor, sprechen Sie immer über die Jahresvergütung!

Vorurteil 3: Bei der Frage nach dem bisherigen Gehalt darf man nicht schwindeln. Sonst wird der Vertrag in jedem Fall anfechtbar.

Falsch! Die Frage nach dem alten Gehalt ist laut Gerichtsurteilen nur dann statthaft (und muss folglich auch ehrlich beantwortet werden), wenn Sie eine vergleichbare Tätigkeit antreten. Oft ist das aber nicht der Fall. Einige Beispiele:

- **Karrieresprung:** Sie verrichten bislang eine Fachaufgabe, treten nun aber eine Arbeit als Gruppenleiter an.
- **Neuer Aufgabenschwerpunkt:** Sie haben als Informatiker bislang PC-Nutzer betreut, nun wechseln Sie als Programmierer.
- **Neue Branche:** Bislang waren Sie im Vertrieb tätig – nun lockt ein Job im Innendienst.

In all diesen Fällen sind bei der Frage nach dem bisherigen Gehalt Ihrer Fantasie keine (juristischen) Grenzen gesetzt. Früher waren die Bezüge durch die Lohnsteuerkarte bei einem Wechsel meist überprüfbar. Im Zeitalter der elektronischen Datenübermittlung hat sich dieses Problem erübrigt. Das heißt nicht, dass Sie zum Münchhausen auf der Kanonenkugel mutieren und völlig übers Ziel hinausreiten sollten. Das heißt aber sehr wohl: Wer im Moment unangemessen wenig verdient, sollte das alte Gehalt nicht als Klotz am Bein behalten.

Für den Fall, dass Sie nach Ihrem alten Gehalt gefragt werden, können Sie auch sagen: „Mein Arbeitsvertrag verpflichtet mich, über mein jetziges Gehalt zu schweigen." Zum einen zeigen Sie sich als loyaler Arbeitnehmer – Sie halten sich bis zuletzt an Ihren Vertrag (tatsächlich enthalten viele Verträge eine solche, übrigens sittenwidrige, Klausel). Alle Chefs schätzen loyale Mitarbeiter. Zum anderen lei-ten Sie die Aufmerksamkeit auf den eigentlichen Gegenstand der Verhandlung zurück, das zu vereinbarende Gehalt – und durfen auf ein attraktives Angebot hoffen!

Vorurteil 4: Das Vertragsangebot der Firma ist das letzte Wort in Sachen Gehalt.

Falsch! Nachverhandeln ist immer möglich. In die Verlängerung sollten Sie allerdings nur dann gehen, wenn das Angebot nicht Ihrer Forderung im zweiten Vorstellungsgespräch entspricht. Am besten suchen Sie ein persönliches Gespräch, zumindest am Telefon. Betonen

Sie Ihre Freude über die grundsätzliche Einigung, aber auch die Notwendigkeit, beim Gehalt einen Kompromiss zu suchen. Meist findet folgender Vorschlag Gehör: Während Ihrer Probezeit bekommen Sie das vorgeschlagene Gehalt – danach steigen Ihre Bezüge auf das von Ihnen geforderte Niveau.

 Beim Bewerben sind die größten Gehaltssprünge möglich. Seien Sie bei Ihrer Forderung nicht zu bescheiden, sonst kommen Zweifel an Ihren Qualitäten auf. Sprechen Sie übers Jahresgehalt und verhandeln Sie bei schlechten Angeboten nach. Spitzenware hat auch einen Spitzenpreis!

6.5 Professionell abschließen

Wenn Sie eine neue Stelle antreten, können Sie Ihr Gehalt schwarz auf weiß nachlesen: Es steht im neuen Arbeitsvertrag. Erst wenn Ihnen der unterschriebene Vertrag vorliegt, sollten Sie Ihr altes Arbeitsverhältnis kündigen. Viel formloser halten es die meisten Mitarbeiter bei internen Gehaltsgesprächen: Sie geben sich mit einer mündlichen Zusage, einem Nicken ihres Chefs zufrieden. Nehmen wir an, Ihnen wird bei einer Verhandlung im Oktober zugesagt: „Ab Januar gibt's 7 Prozent mehr." Was tun Sie, wenn Ihr Chef sich im Januar nicht mehr an die Zusage erinnern „kann" (kommt vor!)? Was tun Sie, wenn er, laut eigener Aussage, 3

Prozent notiert hat (kommt auch vor!)? Und was, wenn Ihr Chef zum Jahresende gefeuert wird oder bei seinem Weihnachtsurlaub in der Karibik einen tödlichen Tauchunfall erleidet?

Wertvolle Notiz

In allen diesen Fällen haben Sie Ihre Gehaltserhöhung in der Verhandlung zwar durchgesetzt, aber das Geld kommt nie bei Ihnen an. Darum brauchen Sie eine verbindliche Zusage: eine Zusage auf dem Papier. Allerdings soll es Vorgesetzte geben, die ihr Ehrenwort für urkundenreif halten und die Schriftform verweigern. Ergreifen Sie in diesem Fall die Initiative und schreiben Sie eine Gesprächsnotiz. Dort halten Sie fest, was bei Ihrer Gehaltsverhandlung vereinbart wurde. Diese Notiz lassen Sie Ihrem Chef auf nachweisbarem Weg zukommen, etwa per Mail oder Hauspost. Ihr begleitender Vermerk klingt in etwa so: „Danke für unser konstruktives Gespräch! Ich freue mich auf die künftige Zusammenarbeit. Um sicherzugehen, dass ich unsere Vereinbarung richtig verstanden habe, hier noch einmal die von mir notierten Eckdaten. Lassen Sie mich wissen, falls etwas nicht stimmt."

In 18 Monaten wieder

Wenn Ihr Chef nicht widerspricht, können Sie dieses Verhalten als Zustimmung werten, als Siegel unter der Vereinbarung. Ihr Ziel ist erreicht, Ihre Gehaltserhöhung wird amtlich! Wetten, dass eine faire Bezahlung

Rückenwind für Ihre Arbeitsfreude ist und Sie Ihre Leistung weiter ausbauen werden? So schaffen Sie eine gute Grundlage, um die Weichen für Ihr Gehalt in 18 Monaten erneut zu stellen. Die Richtung ist bekannt: Es geht aufwärts!

Im Gehaltsgespräch wollen Sie Ihren Chef überzeugen. Es gibt nur einen Weg: Sie müssen überzeugend auftreten! Folgende Punkte machen den Unterschied:

- **Schlagen Sie den richtigen Ton an: freundlich und bestimmt statt unterwürfig und erpresserisch.**
- **Meiden Sie Konjunktive und Wörter wie „eigentlich". In der Verhandlung werden sprachliche Weichmacher nicht als Höflichkeit, nur als Unsicherheit gewertet.**
- **Achten Sie auf eine offene Gestik und Mimik.**
- **Gehen Sie auf Killerphrasen ein, ohne sich von ihnen einlullen zu lassen. Eine pfiffige Antwort führt zurück zu Ihren Top-Argumenten.**
- **Verkaufen Sie sich teuer im Vorstellungsgespräch, sonst schwinden Ihre Chancen.**
- **Halten Sie Vereinbarungen immer schriftlich fest, auch bei internen Gehaltsverhandlungen.**

Fast Reader

Bescheidenheit ist keine Zier, sie gefährdet Ihren Arbeitsplatz. Wer wenig verdient, geht in der Krise zuerst. Wer seinen Chef überzeugt und ein angemessenes Gehalt durchsetzt, dessen Stuhl ist sicherer. Ein professioneller Auftritt in der Verhandlung ist gleichzeitig eine Arbeitsprobe, wie Sie bei anderer Gelegenheit die Interessen der Firma vertreten. Sie beweisen Ihrem Chef, dass Sie ...

- *... Initiativgeist besitzen,*
- *... wichtige Termine strategisch vorbereiten,*
- *... sich rhetorisch in Verhandlungen zu helfen wissen*
- *... und begriffen haben, worum es in der Geschäftswelt geht: um Geld.*

- *Finden Sie Ihren Marktwert heraus. Wer Überdurchschnittliches leistet, muss auch überdurchschnittlich verdienen.*
- *Sorgen Sie im Alltag dafür, dass Ihr Chef weiß, was er an Ihnen hat. Machen Sie Erfolge in*

Meetings publik, schreiben Sie Aktennotizen, bringen Sie Lob durch Dritte auf den Weg.
- *Halten Sie besondere Erfolge in einem Leistungs-Tagebuch fest. Vor der Gehaltsverhandlung dient es Ihnen als Gedächtnisstütze sowie als Grundlage für eine komprimierte Leistungsmappe, die Sie Ihrem Chef aushändigen.*

30 *Wer nur sein Gehalt verhandelt, begeht einen Fehler. Behalten Sie alternative Vergütungsformen und geldwerte Vorteile im Blick. Solche Vorschläge können eine Verhandlung retten. Die wichtigsten Modelle:*
- *Die Prämie belohnt Sie für Ihren persönlichen Erfolg.*
- *Der Bonus beteiligt Sie am Firmengewinn.*
- *Firmenwagen, Fahrgeld und Alltagszuschüsse entlasten Ihren Geldbeutel.*
- *Eine Weiterbildung schraubt Ihren Marktwert nach oben. Für die letzten beiden Punkte spricht außerdem: Sie sparen Steuern, Ihr Arbeitgeber kann sich die Sozialabgaben schenken.*

30 *Eine Gehaltsverhandlung besteht zu 50 Prozent aus Taktik und Psychologie. Nur wer die heimlichen Spielregeln kennt, kann unheimlich erfolgreich sein:*
- *Eine Gehaltserhöhung, die ihren Namen ver-*

dient, beginnt bei 3 bis 5 Prozent.

- *Gehaltsetats sind wie Kuchen: Je früher im Geschäftsjahr Sie Ihr Stück abschneiden, desto größer kann es ausfallen.*
- *Setzen Sie Ihre Forderung möglichst hoch an – nach unten handelt Sie Ihr Chef ohnehin.*
- *Wenn Ihr Gehalt sehr niedrig ist: Hängen Sie die Latte höher, indem Sie einen Richtwert nennen. Und lassen Sie sich ein Angebot machen.*

Eine Gehaltsverhandlung ist dann erfolgreich, wenn Sie das Jawort Ihres Chefs erhalten. Je besser Ihre Argumente, desto eher wird er zustimmen. Lassen Sie Ihre Gehaltserhöhung als Investition erscheinen: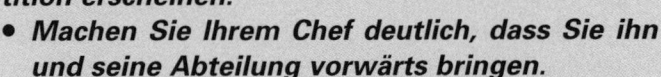

- *Machen Sie Ihrem Chef deutlich, dass Sie ihn und seine Abteilung vorwärts bringen.*
- *Klammern Sie Ihren persönlichen Vorteil aus. Zeigen Sie, was die Firma davon hat!*
- *Weisen Sie mit Ihrer Leistungsmappe nach, wo Sie Geld sparen oder zusätzliche Einnahmen bringen.*
- *Machen Sie deutlich, dass Ihre Qualifikation und Ihr Verantwortungsbereich täglich zunehmen.*
- *Gehen Sie ins Trainingslager, üben Sie die Verhandlung mit einem Coach.*

30 *Im Gehaltsgespräch wollen Sie Ihren Chef über-*
zeugen. Es gibt nur einen Weg: Sie müssen über-
zeugend auftreten! Folgende Punkte machen den
Unterschied:

- *Schlagen Sie den richtigen Ton an: freundlich und*
  bestimmt statt unterwürfig und erpresserisch.
- *Meiden Sie Konjunktive und Wörter wie „ei-*
  gentlich". In der Verhandlung werden sprachli-
  che Weichmacher nicht als Höflichkeit, nur als
  Unsicherheit gewertet.
- *Achten Sie auf eine offene Gestik und Mimik.*
- *Gehen Sie auf Killerphrasen ein, ohne sich von*
  ihnen einlullen zu lassen. Eine pfiffige Antwort
  führt zurück zu Ihren Top-Argumenten.
- *Verkaufen Sie sich teuer im Vorstellungsge-*
  spräch, sonst schwinden Ihre Chancen.
- *Halten Sie Vereinbarungen immer schriftlich*
  fest, auch bei internen Gehaltsverhandlungen.

Der Autor

Foto: E. Hartwich

Martin Wehrle war Führungskraft in einem Konzern, ehe seine Erfolgsstory als Berater begann. Heute ist er „Deutschlands bekanntester Karriere- und Gehaltscoach" (so der „Kurier" aus Wien). Ein breites Publikum kennt ihn aus Fernsehen, Zeitschriften und durch seinen Nummer-1-Wirtschafts-Bestseller „Ich arbeite in einem Irrenhaus" (Econ, 2011). Seine Bücher wurden in acht Sprachen übersetzt und haben rund um den Globus begeisterte Leser gefunden. Zu den beliebtesten gehören „Geheime Tricks für mehr Gehalt" (Econ, 2003) und „Lexikon der Karriere-Irrtümer" (Econ, 2009). Gleichzeitig schreibt Wehrle Fachbücher, so den Beratungsbestseller „Die 100 besten Coaching-Übungen" (managerSeminare, 2010). An seiner Hamburger Karriereberater-Akademie leitet er mit großem Erfolg den ersten Ausbildungsgang zum Karrierecoach im deutschsprachigen Raum. Vor seiner Tätigkeit als Coach und Autor hat Martin Wehrle, der gelernter Journalist ist, mehrere Führungspositionen bekleidet. Wehrle lebt in der Nähe von Hamburg.

Kontakt über: www.karriereberater-akademie.de

Register